多彩的植物世界

——走进房山世界地质公园

王清春　　李晖　　马静

王少帅　　刘昌　　等

— 编著 —

中国林业出版社

China Forestry Publishing House

图书在版编目（CIP）数据

多彩的植物世界：走进房山世界地质公园 / 王清春
等编著. — 北京 ：中国林业出版社，2022.5
（中国房山联合国教科文组织世界地质公园科普丛书）
ISBN 978-7-5219-1602-7

Ⅰ. ①多… Ⅱ. ①王… Ⅲ. ①地质－国家公园－野生
植物－介绍－房山区 Ⅳ. ①Q948.521.3

中国版本图书馆CIP数据核字（2022）第041851号

出版　中国林业出版社（100009　北京西城区刘海胡同7号）
电话　010-83143564
发行　中国林业出版社
印刷　北京中科印刷有限公司
版次　2022年5月第1版
印次　2022年5月第1次
开本　787mm×1092mm，1/16
印张　10.5　　**插页**　0.25印张
字数　330千字
定价　60.00元

本书编写组

组　　长：李更宇

副 组 长：梁志辉　　景之星　　高　保

主　　编：王清春

参编人员：王振京　　周　昊　　轩香君　　李　晖

　　　　　马　静　　王少帅　　刘　昌　　白舒冰

　　　　　张灵柯　　黄思博　　崔帅康　　路　琦

前 言

2020 年 9 月 30 日，习近平总书记在联合国生物多样性峰会上的讲话中提出，"生物多样性关系人类福祉，是人类赖以生存和发展的重要基础。中方愿同各方分享生物多样性治理和生态文明建设经验"。中国房山世界地质公园作为我国自然保护地体系的重要组成部分，于 2006 年 9 月 17 日经联合国教科文组织正式批准并授牌，自此成为首都北京最具代表性的国际级自然保护地之一，发挥着重要的生物多样性保护功能。公园总面积 1045 平方公里，共分为八大园区。园区地质奇观的形成经历了漫长的地质时代，有地形的挤压隆起，有熔岩的变质沉积，共同构成了园区内雄奇险峻的山峰、绝壁和深谷。十亿年地质的演化和变迁，在园区内形成了 2000 米的海拔落差，因此形成了园区多样的生境类型，为园区带来了丰富而独特的生物多样性。房山世界地质公园分布有众多北京市珍稀濒危和重点保护的野生植物，如槭叶铁线莲、房山紫堇、省沽油、独角莲等。自 2017 年起，房山世界地质公园管理处连续多年开展地质公园各个园区的生物多样性综合科学考察工作，积累了丰富的生物多样性资源基础数据，这为园区开展科普工作奠定了坚实的基础，创造了良好的条件。

2021 年，房山世界地质公园管理处以园区丰富的野生植物资源数据为素材，兼顾科学性与趣味性，组织编写《多彩的植物世界——走进房山世界地质公园》这一科普读物，是前期公园生物多样性保护工作的有效延续，也是现阶段地质公园服务社会公众，实现优质自然资源全民共享的需要。

本读物选择地质公园中代表性野生植物 100 余种，以春夏秋冬不同季节不同物候期为切入点，系统地介绍房山世界地质公园的野生植物多样性，科学地展示房山世界地质公园独特的地质条件、丰富多彩的植物资源，让公众不仅能欣赏到地质公园神奇的地质、地貌，同时近距离接触并了解园区内野生植物的多姿多彩和生存奥秘，增加公众对自然的了解和关注，提高公众的自然保护意识，为首都的生态文明建设助力。

　　"方方"是北京市房山区的吉祥物、形象大使。方方以中国的代表性图腾——龙，为设计原型，灵感源于房山著名的景点青龙湖。

　　方方身上的"黄、蓝、白"三种配色代表着房山的明媚阳光和蓝天白云。

　　方方头顶两个龙角之间有一个象形文字"火"的标志，代表周口店人类的起源和文明之火；龙角上面的山水纹路，代表的是房山风景优美的山水；手腕纹路则取自西周燕都青铜器上的纹路；身前的标志是房山的 logo；身后有一个"藏"字，取自云居寺"宝藏"二字。

　　大家好！我是方方！是北京市房山区的形象大使！很高兴与大家见面！我来给大家介绍房山世界地质公园内多种多样的植物！

　　我会按照春夏秋冬四个部分为大家介绍园内一些或有趣、或稀有、或常见的植物。

　　在这之前，为了更方便地介绍和理解植物，我先准备了一些与植物有关的基础知识，快跟我一起来看看吧！

　　如果要把植物分成几个部分，那么最合适的就是分成**根、茎、叶、花、果实、种子**这六个部分。

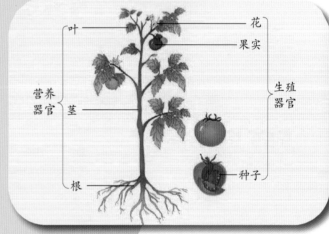

　　对于**叶子**来说，它们有很多种类：

单叶

掌状复叶

羽状复叶

（二回）羽状复叶 ……

植物还能分为**草本**、**木本**、**藤本**等。木本植物又可以分成**灌木**和**乔木**。

草　草本植物

乔

木本植物：

乔木

木本植物：

灌木

灌

藤　藤本植物

　　植物的基础知识就先介绍这么多，让我们马上开始，一起走进激动人心的植物世界吧！

目 录

注：标有*的植物为房山世界地质公园特有或非常珍稀的植物。

白草畔景区

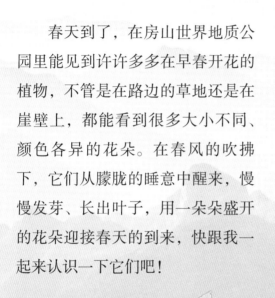

春天到了，在房山世界地质公园里能见到许许多多在早春开花的植物，不管是在路边的草地还是在崖壁上，都能看到很多大小不同、颜色各异的花朵。在春风的吹拂下，它们从朦胧的睡意中醒来，慢慢发芽、长出叶子，用一朵朵盛开的花朵迎接春天的到来，快跟我一起来认识一下它们吧！

春天的植物

独根草，也是早春北京崖壁上颇具观赏性的植物之一，娇艳动人。

作为有名的崖壁植物之一，独根草的**块状根茎**会深深地附着在岩壁的裂缝中。当春天来临，独根草的根部会抽出一茎又一茎开满了粉红色小花的"花序"，就像岩石开花了一样，"岩花"、"小岩花"的名号也就随之而来。

你知道独根草为什么要先开花后长叶吗？

等到花朵凋谢、结出果实后，独根草才会陆陆续续长出一片片心形的叶子。到了春末夏初，单调的岩壁逐渐被星星点点的绿色点染。

草

独根草

科属分类：虎耳草科　独根草属

分 布 地：上方山、十渡、野三坡景区分布

别　　称：山苞花、小岩花、岩花

花期：4~5 月

知识拓展：独根草先花后叶的秘密

　　身处悬崖绝壁的独根草为什么要先开花再长叶子而不是先长叶子积累能量再开花呢？其实这是因为如果独根草晚一点开花的话，山里的其他植物也都开花，相比于身处岩壁的独根草，昆虫们更喜欢去采集花更大更多、更容易到达的其他植物的花蜜，光顾独根草的几率将会大大降低。所以独根草就抢先一步开花先完成繁殖的使命再长出叶子为来年早春的花朵做准备。

槭叶铁线莲，它是典型的崖壁植物，花朵大而美丽，花期很早，是早春极为珍稀的花中仙子。

　　槭叶铁线莲的茎可以达到半米以上，茎上没有毛也没有分支，经常生活在**低山陡壁**或者**土坡**上，是一种很珍稀的野生植物，最早发现于北京，仅见于房山，是**国家二级重点保护植物**，受到严格的保护！

灌

槭[qì]叶铁线莲

科属分类：毛茛科　铁线莲属

分　布　地：十渡、上方山景区偶见

别　　称：岩花

花期：4~5月

房山紫堇经常生长在**陡峭的石灰岩壁和山坡**上。北京仅见于拒马河一带，特别是在**十渡园区**，有时远远的就可以看到一片片灰绿色的叶片从崖壁上垂下，运气好的话可以看到叶片中绽开着的白色或稍带些紫色的花朵。

房山紫堇的叶片非常有特点，不规则开裂，呈现出别具一格的美感。

草

房山紫堇[jǐn]

科属分类：罂粟科　紫堇属

分　布　地：上方山、十渡景区偶见

别　　称：石黄连、土黄连

花期：4~5 月

仔细观察房山紫堇的花可以发现，花瓣的两侧有两个鸡冠状的凸起，而且虽然它的名字中有"**紫堇**"两个字，但其实它的花在盛开时会呈现**白色**，初开时才会带有淡淡的紫色或者粉色。

上面这三种植物（槭叶铁线莲、独根草、房山紫堇）共称为"**房山三绝**"、"**崖壁三美**"，是早春房山世界地质公园单调的崖壁上一道靓丽的风景线。

　　接下来让我们从路边的草地开始，一起看一看早春的房山世界地质公园都有哪些植物正在开花吧！

相传，诸葛亮当上了刘备的军事中郎将，总监军粮和税赋。由于刘备有大量兵马，粮草需求大，百姓负担就更大。有一次，诸葛亮微服出巡，见到一种野菜，称为"蔓菁"，从老农口中得知此菜浑身是宝，叶子和茎都能吃，吃剩的可制成腌菜，青黄不接时，这菜可成为当家菜。

诸葛亮对此菜极感兴趣，他向老农问了每亩"蔓菁"的产量及种法，便下令士兵开荒广种"蔓菁"，一方面补充军粮，另一方面又可用作牲畜饲料，既经济又实惠，一举两得。后世把"蔓菁"称为**诸葛菜**，也叫"二月兰"。

季羡林先生曾写过一篇题为《二月兰》的散文。他住所附近有许多二月兰，但他并没有注意到。直到有一天，他突然意识到了二月兰的存在。于是，许多与二月兰有关的回忆，慢慢浮现。

草

二月兰

科属分类：十字花科　诸葛菜属
分 布 地：各园区园间路旁广布
别　　称：诸葛菜　二月蓝

花期：3~5 月

小花开得淋漓尽致，气势非凡，紫气直冲云霄，连宇宙都仿佛变成紫色的了。

——摘自季羡林《二月兰》

二月兰是无情的，而季羡林先生却将曾经的悲喜寄托在了二月兰之上。

蒲公英可以说是我们非常熟悉的一种植物了，黄黄的花朵长在路边非常显眼。特别是它的聚花果，让人印象最深刻：圆圆的毛绒绒的小球，拿起来一吹上面的小伞就载着种子随风飘走了。

草

蒲公英

科属分类：菊科　蒲公英属

分 布 地：各园区园间路旁广布

别　　称：黄花地丁、婆婆丁

花期：4~9月

知识拓展：蒲公英的花

蒲公英的"花"看起来像是一朵花，其实它是由许许多多的小花组成，这些小花共同组成了一个"**头状花序**"。盛夏，小花变成一把把小伞，每把小伞下面载着的就是这一朵小花结出来的一颗**果实**，风一吹，**即刻启程走天涯**。

打碗花又叫**旋花**，是喇叭花的一种。它的花与牵牛花非常相似，都像一个"小喇叭"。与牵牛花不同的是，打碗花的叶子是**三角状戟形**的，先端尖，而牵牛花的叶子是卵圆形的，叶片的形状更宽阔。

打碗花的叶片

牵牛花的叶片

打碗花喜欢生活在温暖湿润的环境中，于是在田间、小溪旁都能见到它们的身影。由于它们是多年生的植物，这就意味着只要根还埋在土地中，它们就会一直活着，即便是将它们露出地面的部分铲除，没过几天，它们就又会从土地中冒出头来。

草

打碗花

科属分类：旋花科　打碗花属

分　布　地：各园区园间路旁广布

别　　　称：兔耳草、盘肠参、蒲地参

花期：4~7月

早开堇菜不只是在春天作为观赏植物出现，实际上它的果子也非常有意思。早开堇菜结蒴果，成熟时稍受挤压就会爆裂，同时将种子弹射出去，这是植物传播种子的一种方式，称为自体传播。顾名思义，即植物依靠自身的力量，让种子得以传播开来。

草

早开堇菜

科属分类：堇菜科　堇菜属
分 布 地：各园区园间路旁广布
别　　　称：光瓣堇菜

花期：3~5 月

在英语中，包括**早开堇菜**在内的大多数的**堇菜**，一律被统称作 **violet**。但由于民国时期翻译家们的失误，表示堇菜的 violet 这个词，就从此被国内的英汉词典误译成了"**紫罗兰**"。实际上，植物学意义的紫罗兰 *Matthiola incana*，作为与白菜、萝卜一样的**十字花科**植物，开出的是四瓣花，英文叫作 stockflower，与堇菜家族并无关系。

近年一部热门动画，国内译成《紫罗兰永恒花园》，片中花朵与女主角的名字（Violet）均叫堇菜，但并不是早开堇菜这个种。

酢[cù]浆草

科属分类：酢浆草科　酢浆草属
分 布 地：十渡、野三坡、白石山园区常见
别 　 称：酸三叶、酸醋酱、鸠酸、酸味草

花期：3~9 月

酢浆草的叶子从基部开始生长，茎上生长的叶子是互生的，小叶有三片，呈倒心形，叶片的先端向下凹。

酢浆草有很低的几率会长出四片叶子，由于比较罕见，就成了传说中的幸运草。四片叶子分别代表真爱、健康、名誉和财富。

耧斗菜的故事

　　植物中的"翠花"——耧斗菜，其外形美艳，却有一个充满违和感的名字。"耧"是古代西汉赵过发明的播种机，耧斗菜的花因形似耧，故得名。在欧洲，耧斗菜更是极为常见的野花，生长在高山深谷的石砾堆里。民间传说战争时期，战士们把耧斗菜的叶片双手揉搓后闻其气味，会使人兴奋，且产生很大的勇气。据说这也是耧斗菜的花语"胜利、奋战到底"的来源。

　　耧斗菜是一种我国北方山区常见的野花，地下有粗大的根，叶子的形态和很多毛茛科亲戚差不多，是二回三出复叶。说到毛茛科就会想到"毒"，耧斗菜也是全株有小毒，虽然叫菜，但并不适合当菜吃。

草

华北耧[lóu]斗菜

科属分类：毛茛科　耧斗菜属

分 布 地：百花山、上方山景区较为常见

别　　称：紫霞耧斗、五铃花、黄花华北耧斗菜

花期：5~7月

点地梅是报春花科点地梅属的一年或二年生草本植物。就像它的名字所表达的，在春天开花的点地梅虽然花朵很小，但每一朵花都很精致，像一朵朵小小的梅花点缀在早春的大地上，迎接春天的到来。

点地梅

草

科属分类：报春花科　点地梅属
分 布 地：上方山园区较为常见
别　　称：白花草、佛顶珠、喉咙草

花期：4~5 月

花朵凋谢，花瓣落下，它的花萼依旧留在上面，像一朵朵绿色的小花，欢快地与春天告别。

民间经常会用点地梅来治疗扁桃体炎、咽喉炎、口腔炎和跌打损伤，因而又赋予了它"喉咙草"的名号。

春季的山坡，不仅有草儿在地上冒出"头"来，更有大片的树木长出新芽，展露芬芳。

北方的春天，最先盛开的就是山桃，一夜之间，一朵朵粉花悄然落在枝梢，成簇成簇绽放。

山桃报春过后，其他的树儿仿佛感受到了春天的信号，迎红杜鹃、绣线菊、流苏等纷纷盛开。这时山中迎春的舞会，才慢慢拉开帷幕。一直持续到晚春初夏，走在山上，常常会看到成片成片灌丛上花团锦簇的盛况，欢庆着新的一年的开始。

看完早春的路边小花，山上鲜花盛开的灌木和乔木自然也是不能错过的景色！

山桃 乔

科属分类：蔷薇科　桃属

分　布　地：十渡、野三坡园区广布

别　　　称：苦桃、陶古日、哲日勒格、
　　　　　　野桃、山毛桃、桃花

花期：3~4 月

山桃是蔷薇科桃属小乔木，花单生于枝上，先于叶开放，粉色，叶片披针形，树皮呈亮红褐色，具有较明显的识别特征。

每年三月伊始，乍暖还寒时，在山间绽放。一团团粉色，如烟似雾，成为装点春天的第一抹亮色。

山桃果实

太平花

科属分类：虎耳草科　山梅花属
分　布　地：十渡、野三坡、白石山
　　　　　　园区常见
别　　　称：京山梅花

花期：5~7 月

　　相传宋朝仁宗皇帝为其母祝寿时，四川青城山道士选此花作为寿礼送到汴京，宋仁宗见后十分喜欢，高兴地为其赐名为"**太平瑞圣花**"，迄今已有千余年。北京故宫御花园的**太平花**，相传是明朝自开封移栽而来，可见其历史悠久，寿命很长。在清代，皇城的社稷坛、紫禁城的御花园都种有太平花。这种花花开千百苞，并萃成一簇，色白如雪，幽香淡雅，是皇宫中的珍贵名卉。**太平花**受到慈禧太后的特别钟爱，常以此花作为礼品赏赐王公大臣，不少的王公子弟都以种植太平花为荣，以至太平花的传奇也就越传越远，越传越奇。

　　太平花枝叶繁茂，花朵雅致，且具有宜人的清香，其名字又寓意天下太平，人民生活安康，深受人们的喜爱，所以常常在庭院、花园中广为栽种，是一种优良的观赏花木。

三裂绣线菊 灌

科属分类：蔷薇科 绣线菊属
分 布 地：各园区广布
别 称：石棒子、团叶绣球

花期：5~6 月

绣线菊不是菊，而是蔷薇科绣线菊属植物的统称。以菊为名，大概是由于其密集的花序有那么点儿像菊花，所以被称作**"绣线菊"**。

三裂绣线菊树姿优美，枝叶繁密，花朵小巧密集，布满枝头，可形成一条条拱形的花带，宛如积雪。宜在绿地中丛植或孤植，栽于庭院、公园、街道、山坡、小路两旁、草坪边缘，也可用作花篱、花径，是园林绿化中优良的观花观叶树种。

知识拓展：绣线菊和阿司匹林不得不说的秘密！

　　阿司匹林本名乙酰水杨酸，即乙酰化的水杨酸，为人类历史上最成功的药物之一。最早的水杨酸是从柳树皮中提取，后来发现也可用绣线菊属植物制备。1899 年拜耳公司第一次推出以 Aspirin 为名的有关产品时，命名中即用 spir 字样来"纪念"水杨酸和绣线菊属之间的关系。

还有一种绣线菊叫作**土庄绣线菊**，开的花也是一团一团的，非常漂亮。它的生长环境与三裂绣线菊十分相似，在中海拔地区（500~1000 米）的向阳坡地、半阴的林下经常可以看到这两种绣线菊。

灌

土庄绣线菊

科属分类：蔷薇科　绣线菊属
分　布　地：各园区广布
别　　　称：柔毛绣线菊、蚂蚱腿、
　　　　　　石莠子、土庄花

花期：5~6 月

在晚春初夏**土庄绣线菊**开花的时候，远远看去就能发现一团团白色的花在灌丛中盛开，让人不禁驻足细细观赏。

知识拓展：如何区分三裂绣线菊与土庄绣线菊？

叶片：**土庄绣线菊**的叶片近**菱形**，两面有毛，叶背、叶柄尤其明显；**三裂绣线菊**叶片**先端钝**，**三裂**明显，两面无毛。

雄蕊：**土庄绣线菊**的雄蕊差不多与花瓣等长；**三裂绣线菊**的雄蕊比花瓣短。

东陵八仙花

科属分类：虎耳草科 绣球属
分 布 地：百花山—白草畔园区分布
别 称：铁杆花儿结子、柏氏八仙
花、东陵绣球

花期：6~7 月

东陵八仙花花序呈伞房状，众花怒放，如同雪花压树，妩媚动人。枝叶密展，根肉质，适应性强，既能地栽于家庭院落、天井一角，也宜盆植为美化阳台和窗口增添色彩。

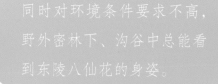

同时对环境条件要求不高，野外密林下、沟谷中总能看到东陵八仙花的身姿。

鸡树条荚蒾，这个名字听起来怪怪的，其实它还有另一个好听的名字——天目琼花。

鸡树条荚蒾的花由两部分组成：外围比较大的不孕白花和里面比较不显眼的可以产生种子的小花。外围不孕花不能结果，也不能产生种子，它的作用是吸引昆虫，帮助传粉。

灌

鸡树条荚蒾[mí]

科属分类：五福花科　荚蒾属
分 布 地：百花山——白草畔园
　　　　　区偶见
别　　 称：天目琼花

花期：5~6 月

鸡树条荚蒾是**蜜源植物**，花和果都具有观赏性；它的二年生枝条柔软有韧性，光滑不分叉，特别适合编筐篓；而枝叶可通经络、解毒、止痒，果实能够止咳、消炎。

杜鹃花是中国十大名花之一，被誉为"木本花卉之王"，与报春、龙胆并称"中国天然三大名花"。

迎红杜鹃　灌

科属分类：杜鹃花科　杜鹃花属
分 布 地：百花山—白草畔园区分布
别　　称：映山红、蓝荆子、尖叶
　　　　　杜鹃

花期：4~6月

白居易赞曰："闲折两枝持在手，细看不似人间有。花中此物似西施，芙蓉芍药皆嫫母"。

美蔷薇是蔷薇科的一种直立灌木植物，原产于中国黄河流域及以南地区的低山丘陵、溪边、林缘及灌木丛中，现作为园林植物而在全国普遍引种栽培。

美蔷薇的**花萼、花梗**和**果实**都密被腺毛，枝条幼时具稀疏的刺，老时刺会变得密集。

美蔷薇 　　　灌

科属分类：蔷薇科　蔷薇属
分 布 地：百花山—白草畔园区分布
别　　称：油瓶子

花期：5~7 月

美蔷薇的果实

美蔷薇的花可提取芳香油并用来制作玫瑰酱。花果均可入药，具有理气、养血活血的效果。作为园林植物，美蔷薇经常被用于布置花墙、花门、花架等，也可以用来打造成花篱。

省沽油是北京地区十分珍稀的早春开花植物，**仅见于上方山园区**，生长在山坡林下。

仔细观察，省沽油的叶子是**单叶**还是**复叶**呢？

省沽油　灌

科属分类：省沽油科　省沽油属
分 布 地：上方山景区仅见
别　　称：水条

花期：4~5 月

省沽油的果实呈**膀胱状**，扁平，先端裂成两瓣。

省沽油是中国稀有的可食用灌木；自身含有多种维生素和人体所需的矿物营养元素，并在医学上具有明目、降压、利尿、解毒等功效。

"流苏"一词通常用来指用彩色羽毛或丝线等制成的穗状装饰物。如果把这个词用在植物上，你觉得是用来形容叶子、花朵还是果实呢？

乔

流苏树

科属分类：木犀科　流苏树属
分　布　地：上方山景区仅见
别　　　称：萝卜丝花、牛筋子、乌金子、茶叶树、四月雪

花期：3~4 月

这些白色的就是**流苏树**的花，长条状的花瓣聚拢在一起，非常像古人常用的装饰物"流苏"，因而得名**流苏树**。

　　流苏树生长在海拔 3000 米以下的稀疏混交林中或灌丛中，山坡和河边也可以发现它的身影，房山区仅见于上方山园区。因其开花时非常壮观漂亮，各地都有引种栽培。
　　除了可供观赏以外，它的花、嫩叶晒干可以当做茶叶饮用，味道非常香醇，因而流苏树也有个别称叫**茶叶树**。

春天的花草树木不仅赏心悦目，更有不少野草野花野果可以拿来食用。

　　酸甜苦辣，人生本味。吃罢甜的，还可品一品苦味野菜。中国房山世界地质公园的常见野菜有楤木、猪毛菜和鹅肠菜。楤木浑身是刺，偶见于林间。猪毛菜的叶子像极了猪毛，细细长长，叶尖像猪毛一样硬。鹅肠菜亦是独特，它的茎拉扯后会脱掉一层滑润似鹅肠的外皮，故名"鹅肠菜"。

　　野菜极为普通，不被人重视，但又是最坚韧的，荒野贫瘠的山地，一样茁壮生长。清贫的日子里，它们是自然的恩赐。心存感恩之心，感恩大自然的馈赠！

图片拍摄于十渡园区

楤[cōng]木

楤木是中国特有种，分布广泛，生于森林、灌丛或林缘路边，垂直分布从海滨至海拔 2700 米。主要生长于向阳和温暖湿润的环境。

科属分类：五加科　楤木属

分　布　地：百花山—白草畔园区偶见

别　　　称：刺老鸦、刺龙牙、龙牙楤木、刺嫩芽

花期：4~5 月

楤木是中国传统的食药两用山野菜，营养价值和保健功能极高，食用的嫩芽中含有多种维生素和矿物质，还具有除湿活血、安神祛风、滋阴补气、强壮筋骨、健胃利尿等功效。

猪毛菜，是苋科一年生草本植物，生命力旺盛，可以从几厘米高长到一米多高，因其茂盛而细圆如猪毛的叶片而得名。

草

猪毛菜的适应能力非常强，耐寒、耐旱、耐盐碱，喜欢在太阳直射光较强的路边、荒地、草地生长，在碱性的砂土上长得最好。

猪毛菜

科属分类：苋科　碱猪毛菜属

分 布 地：十渡、野三坡、石花洞园
　　　　　区常见

别　　称：刺蓬、蓬子菜

花期：7~9月

猪毛菜的花非常隐秘，不仔细看的话很难发现，但是花苞苞片顶端的白色刺尖却出卖了它，让人一眼就能认出原来这棵猪毛菜开花了。

猪毛菜是一味中药，也是一种野菜。《河北中药手册》中记载猪毛菜能"降血压、治头痛"，是缓解高血压、头晕的良药。猪毛菜也可以当做野菜食用，不管是凉拌还是加面粉清蒸，都非常不错。

鹅肠菜

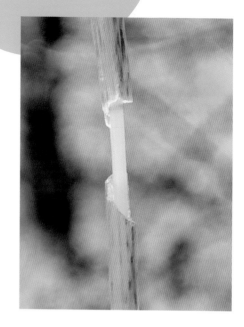

科属分类：石竹科　鹅肠菜属

分　布　地：十渡、上方山景区分布

别　　　称：鹅儿肠、大鹅儿肠、石灰
菜、鹅肠草、牛繁缕

花期：5~6 月

鹅肠菜又称**牛繁缕**，是石竹科鹅肠菜属两年至多年生的草本植物。

鹅肠菜因其茎滑似鹅肠而被称为"鹅肠菜、鹅儿肠、鹅肠草"。鹅肠菜会从它的根部长出许多匍匐的茎，如果试着拉扯一下鹅肠菜的茎，茎的外层会先脱落一层滑似鹅肠的"皮"，留下一根坚韧如筋的茎，再用力才会把整个茎拉断，**鹅肠菜**、**鹅儿肠**、**抽筋草**这些名字便由此而来。

花瓣深裂，基部可以看到很短的相连部分

这是一片花瓣

鹅肠菜的花看似有十瓣，其实只有五个花瓣，只是每片花瓣都开裂很深，几乎裂到基部，因此看起来就像十片花瓣一样。

鹅肠菜是一种野菜，营养价值和味道都很不错。春天，在它还幼嫩的时候非常适合采来焯水凉拌或者与豆腐一起炖来食用。以前，它也是人们对抗饥荒的极为重要的一员。

鹅肠菜也可以当作饲料，不过需要注意的是，适合用来食用或当做饲料的是它的幼苗，等它长大后就会有一定的毒性不宜再食用了！

夏天的植物

　　春天过去了，到了炎热的夏季，花草树木日益繁茂，奋力生长。有的努力生长枝叶，为夏末初秋的开花结果做准备；有的抓紧时机，趁着大好时光赶快开花结果，播撒后代；还有的在春天已经完成了繁衍的任务，默默积蓄能量，提前开始了来年春天的战前准备。

　　记忆中，夏天有缤纷的花朵、有茂盛的枝叶、也有许许多多非常有趣的故事：山上，盛开的山丹想用它们红艳的花朵与天上的烈日一较高下；路边，不起眼的**狗尾草**是我们曾经的童年玩伴；肆意生长的**葎草**让人看见就想远远的避开，但往往又会在不经意间被刮到；溪流边，**水金凤**、**鸭跖草**、**秋海棠**各自展示着自己柔弱又美丽的花朵，惹人怜爱。

周口店园区

夏天很热，在野外玩耍的时候要说有什么比热更可怕的，那肯定是那些带刺的缠人的植物了！

葎草又叫**拉拉秧**等，为常见杂草，对农业生产有着不利影响。其匍匐茎生长蔓延迅速，常缠绕在农作物或者果树上，严重影响其他植物的生长。另因其茎、叶上布满倒刺，很容易刮伤皮肤，令人疼痛难耐。

葎[lǜ]草

科属分类：桑科 葎草属
分 布 地：各园区广布
别　　称：拉拉藤、葛勒子秧、勒草

葎草是中国农业有害生物信息系统收载的**有害植物**。

刺五加对气候和土壤都不怎么挑剔，极易养活。在全国大范围内的山坡林和路旁灌丛中都有生长。

刺五加

科属分类：五加科　五加属

分　布　地：百花山—白草畔园区偶见

别　　　称：刺老鸦、刺龙牙、龙牙楤木、刺嫩芽

刺五加名字的由来

明朝李时珍《本草纲目》称，以五叶交加者良，故名五加，又名五花。刺五加是一种灌木植物，生长的时候会长出5个小叶，为掌状复叶。刺五加的茎上布满密密麻麻的小刺，又细又长。

民谣中流传着一句话，"宁得五加一把，不要金玉满车"，说的就是"刺五加"，意在说明饮用刺五加酒有健体增寿的功效。刺五加的嫩芽也可作茶饮用，具有独特持久清香，堪称理想的珍品。

蝎子草

科属分类：荨麻科　蝎子草属
分　布　地：上方山—云居寺园区分布
别　　　称：天天麻、蜇人草

不好惹的蝎子草

蝎子草的茎和叶子表面密生刺毛。这些刺毛先端尖锐，中间是空腔，基部有腺体，能分泌酸性物质（蚁酸等）。人和动物一旦触及，刺毛尖端便断裂，放出蚁酸，刺激皮肤产生痛痒的感觉，就好像被蝎子蜇了一样。如果你身边有人被蝎子草扎过，那他肯定会觉得非常疼痛。

　　穿龙薯蓣别名**穿山龙**，算得上颇有来历，穿龙薯蓣经常被用作医治腰酸腿疼乃至筋骨麻木等病症。最初利用穿龙薯蓣作为药材医治这一病症的人中，流传着这样的一个故事：某处的药铺先生一直找不到方法来医治从腰酸腿疼发展至瘫痪的病人，先生的女儿也因此苦恼，于是想去名为龙潭的危险地带采药，但到了那里仍一无所获。

　　她情绪低落，在自己搭建的临时住所里含泪入睡，梦中有人告诉她，想要助她一臂之力，叫她第二天早晨去棚子外面挖带龙鳞的草即可。夜半惊醒，姑娘看到有龙的影子在山上撞击，龙鳞随之落下。第二天，她果然采到了"带龙鳞"的草，将其带了回去医治村民。

藤

穿龙薯蓣

科属分类：薯蓣科　薯蓣属

分　布　地：各园区广布

别　　　称：穿山龙

　　故事中"带有龙鳞"的植物就是穿龙薯蓣，正是因为其叶片掌状心形，不等大三角状浅裂、中裂或深裂，以及根状茎横生像传统中国龙的形象，同时此种植物有着极强的生命力，自然得名"穿山龙"。

茜草 藤

科属分类：茜草科　茜草属
分　布　地：各园区广布
别　　　称：别名蒨草、血见愁、
　　　　　　地苏木、活血丹

　　茜草，别名蒨草、血见愁、地苏木、活血丹、土丹参、红内消等。茜草科植物，据记载应该于春、秋季采挖。有凉血止血、活血化瘀的功效。主治血热咯血、产后瘀阻腹痛、跌打损伤、风湿痹痛等症。但是有着这样多功效的草药，实际上是会划伤人的"硬钉子"。因为在茜草的茎上、叶片边缘，叶脉以及叶柄上，无一例外覆盖着细小但尖锐的刺，在野外遇见，一旦触摸不慎，就会留下细小伤口。

茜草还能够作为**染料**。这一点在《诗经》中就有所提及，如《出其东门》中"缟衣茹藘"。而且茜红色还是汉代皇帝的御用服色，《汉官仪》中曰："染园出茜，供染御服，通作蒨"。同时也是中国女性最喜爱和最普及的服色之一，南唐李中的《溪边吟》中就有写道："茜裙二八采莲去，笑冲微雨上兰舟"。种种记载之中，不难看出茜草作为染料在古时的地位。而茜草作染料时所取用的并非地上部位，而是其艳色的根。

茜草的果实成熟后
也是红色

荆条

灌

科属分类：马鞭草科　牡荆属

分 布 地：十渡、石花洞、野三坡、
　　　　　白石山园区广布

别　　称：荆棵、黄荆条

花期：4~7 月

提起荆条，就不禁让人联想到《史记·廉颇蔺相如列传》中廉颇负荆请罪的故事。廉颇背的"荆"就是"荆条"这种植物。

荆条是落叶丛生灌木，高四五尺，茎坚硬，可作杖，有时候残留的细枝像刺一样扎人。荆条长而柔韧，也可以用来编制筐、篮、篱笆等。

四叶葎

科属分类：茜草科　拉拉藤属
分 布 地：上方山园区分布
别　　称：小拉马藤、散血丹、
　　　　　细四葎

第一眼看见**四叶葎**，大多数小伙伴们都会被它那规整轮生的四片卵状披针形叶子所吸引，'四叶'之称，恰如其名。

四叶葎虽然个头不高，长得不起眼，可是它全身上下长满密而小的刺，使植株整体有粗糙感，这也是其所在家族拉拉藤属的一个共同特征。若不小心碰到可能会被刮伤，所以夏季见到它，还是要绕道走，免得被它割伤了腿。

异叶败酱

科属分类：败酱科　败酱属

分 布 地：上方山—云居寺园区分布

别　　称：摆子草、追风箭、墓头回

花期：7~8 月

　　异叶败酱是败酱科败酱属的多年生草本植物，它最大的特点便是叶片形状差异大（异形叶），这也是它被叫作"异叶败酱"的原因。败酱这类植物的根有很强烈的臭味，像是腐烂的臭鸡蛋的味道，又像是浓烈的脚臭味，让人一闻难忘，被形象地称为"**脚汗草**"。异叶败酱的花朵为黄色的小花，许许多多的小花组成了一个大的花序（聚伞花序）。

　　异叶败酱还有一个名字叫"墓头回"，关于这个名字有一个有趣的故事。相传在过去农村有一位妇女，下体出血不止而死。抬棺去下葬的路上，迎面走来一位乡野郎中，郎中观望从棺材里面渗出滴落的鲜血，不由停下脚步问了一下情况，了解之后，说道："这人并没有死，流血鲜红，而且还从棺中渗出，应该有救，能否开棺施救？"家人也是半信半疑，但这情况也只能听天由命。郎中遂去路边采集来这种臭烘烘的草药，浓浓煎了一碗灌下，这妇女居然真的悠悠醒来。由于是走在去墓地的路上，这种草也就有了墓头回这个名字。异叶败酱作为一味中药，确实有止血、止带的作用，是一味治疗妇科疾病的良药。

躲开了这些烦人的植物，夏天再次爬上山坡、走在小路上，还会发现许许多多不一样的花朵。

草

狼尾花

科属分类：报春花科　珍珠菜属
分　布　地：十渡、野三坡园区分布
别　　称：虎尾草、重穗排草

花期：6~7 月

如果你见过**狼尾花**，就会知道狼尾花的名字是怎么来的了：许许多多的花开在植株顶端，垂向一侧，像狼尾巴一样。

狼尾花对环境的适应能力强，即便处在恶劣的环境下依然可正常生长，如期开花。多个地区都有分布，因此狼尾花有坚韧的寓意，告诫我们遇到困难不要轻言放弃，要勇敢面对。

牻牛儿苗为牻牛儿苗科植物，其具有一种能将自己埋藏起来的"钻头"形种子。牻牛儿苗的果实为蒴果，顶端具有长约 4 厘米的长喙，由于和牛角有相似之处，有时候会被小孩当作编织玩具用的一部分。

草

牻[máng]牛儿苗

科属分类：牻牛儿苗科　牻牛儿苗属
分 布 地：十渡、野三坡园区常见
别　　称：太阳花

花期：6~8 月

　　牻牛儿苗果实喙部呈螺旋状卷曲，这是牻牛儿苗种子吸湿运动的武器。当种子落到地上后，它会随着空气中含水量的变化或地面的干湿变化而旋转扭紧或松开，产生一个旋转的机械力将种子推入地下，到达一个更温湿的环境，从而使种子免于被动物掠食，并易于发芽，增加后代的成活率，是一种应对干旱环境的生存对策。

草

糖芥

科属分类：十字花科　糖芥属
分　布　地：百花山—白草畔园区分布
别　　称：无

花期：6~9 月

糖芥生于田边、荒地。花瓣橙黄色，多数小花聚生在茎的顶端，长角果线形，具四棱。

糖芥全草和种子均可入药，具有健脾和胃、利尿强心之功效。

糖芥采集全草应在春夏季采挖。种子于 7~9 月果熟时，割取全株，晒干，打下种子，扬净即得。

"山丹丹**开花红艳艳**"

一首《山丹丹开花红艳艳》响彻大江南北，歌曲反映了中央红军经过两万五千里长征到达陕北，陕北人民热烈欢迎子弟兵的心情与场面。

陕北人民历来喜爱山丹，视之为美好、热烈、追求的化身。

草

山丹

科属分类：百合科　百合属
分 布 地：百花山—白草畔园区分布
别　　称：花根、红百合

花期：7~8月

山丹是百合科多年生草本植物，也叫红百合。地下具卵球形鳞茎，有少数白色肉质鳞片，叶呈线状。花红色，夏初开花，花被呈现朱红色或橘红色，向外反卷。

关于鳞茎

我们常吃的西芹百合中的百合，就是百合的鳞茎。但吃的百合通常为兰州百合。

小红菊

科属分类：菊科　菊属

分 布 地：白草畔、十渡、上方山景
　　　　　区分布

别　　　称：野菊

花期：7~10 月

小红菊已成为北京园林花坛布置的良好素材。作为宿根花卉与乔木、灌木、地被草皮一起用来绿化。

　　小红菊是二年生植物，菊花不加保护不会冻死，早春4月小红菊种子萌发出土，6月中旬开始见花。早期花呈淡黄色，随着天气渐冷，花色由黄转为橘黄、橘红，直至国庆节变为深红。国庆节后露地花卉逐渐凋零，唯独小红菊仍然繁花似锦。

就像梅、兰、竹、菊作为某种精神与气质的象征，经常出现在中国古诗词中一样，**野鸢尾**也经常出现在外国作家和诗人的笔下，传达的则是一种包含着哀伤和苦难的情绪。如美国女诗人Louise Glück，在《**野鸢尾**》一诗中传达她对于苦难的看法。植物分类学中指代鸢尾属的单词Iris，在法国等欧洲国家中有着这样的意思："众神与人间的使者，将善良的人的灵魂，经由彩虹桥送达天堂。"也显示了野鸢尾以及鸢尾属植物在欧洲文学中的地位。

野鸢[yuān]尾

草

科属分类：鸢尾科　鸢尾属

分　布　地：十渡、石花洞园区分布

别　　　称：扇子草、二歧鸢尾、白射干

花期：7~8月

不只是野鸢尾，整个鸢尾属植物经常被作为观赏地被植物，成片种植于公园、学校的绿地上。鸢尾属植物不仅具有良好的观赏价值，同时在调节小气候、水土保持、防风降尘、维护生态平衡、改善城市生态环境和增强群落稳定性等方面也具有明显的作用。同时由于适应性较强，适宜在大部分环境下种植。

益母草

科属分类：唇形科　益母草属
分　布　地：各园区广布
别　　　称：益母蒿、坤草、野麻

花期：6~9 月

　　益母草在夏季 7 月左右开花，花呈紫色，在生长茂盛花未全开时采摘，有活血、祛淤、调经、消水等功效。8~10 月结果，益母草可全草入药，有效成分为益母草素。据国内报道，近年来益母草用于治疗肾炎水肿、尿血、便血、牙龈肿痛、乳腺炎、丹毒、痈肿疔疮均有效。

　　《新唐书》说武后"虽春秋高，善自涂泽，令左右不悟其衰"，但未载涂泽何物。武则天去世四十多年后，王焘《外台秘要》记载武则天长期用过的一剂外涂美容药方，内中主要药物是**益母草**。书中写道，"近效武则天大圣皇后炼益母草留颜方，其功效特异。此药洗面，觉面皮滑润，颜色光泽。经月余生血色，红鲜光泽，异于寻常。如经年用之，朝暮不绝，年四五十岁妇人如少女。"

每年母亲节，大家都会送一捧康乃馨给妈妈，康乃馨是母亲花，能够表达出对母亲的真挚情感。

我们所熟悉的康乃馨其实是**香石竹**，是石竹科石竹属的多年生花卉，因其花色丰富、花型多变而成为世界著名四大切花之一。

草

石竹

科属分类：石竹科　石竹属

分 布 地：百花山—白草畔园区分布

别　　称：无

花期：5~7 月

石竹科是一个庞大的家族，不同于**香石竹**的重瓣，园区内野生的石竹是单瓣的多年生草本。

香石竹

边缘有锯齿，**重瓣花**

石竹

花瓣边缘有**不整齐浅齿**

瞿麦

花瓣边缘裂成**细条状**

刺儿菜

草

科属分类：菊科　蓟属

分 布 地：十渡、野三坡、石花洞园区
　　　　　分布

别　　称：大蓟、小蓟、大刺儿菜

花期：4~6 月

　　刺儿菜是小蓟草的别称，是一种优质野菜。幼嫩时期羊、猪喜食。植株秋后仍保持绿色，仍可用以喂猪。刺儿菜成熟时有硬刺，茎秆木质化后粗硬，利用期为 5~7 月。早期供放牧，或带根采回，去掉泥土，茎切碎生饲喂猪或做青贮料。开花前后植株割取晒干后，可供冬春制粉喂猪。另外，本种为秋季蜜源植物。带花全草或根茎均为药材。刺儿菜的嫩苗又是野菜，炒食、做汤均可。

当我们沿着**拒马河逐水而上**、穿过一座座渡桥时，我们就会发现许多长在河边、水里的植物。这些植物最喜欢的就是水了！

它们有的长在**河边**，有的长在**水里**，也有的长在**潮湿的岩壁泥土**中。高大的芦苇、矮小的鸭跖草、华贵的秋海棠、有趣的香蒲……这些都是伴水而生的植物，离开了潮湿的土壤就难以繁盛。遇水即荣，离水而枯，日日夜夜都伴随着水流的声音入睡、醒来。

中华秋海棠

科属分类：秋海棠科　秋海棠属
分 布 地：十渡、上方山景区分布
别　　称：珠芽秋海棠

花期：7~8 月

中华秋海棠是秋海棠科的多年生草本植物，是秋海棠的一个变种。在靠近水边的阴湿岩石处常常可以看到大片的中华秋海棠。

中华秋海棠的叶片绿色，叶脉和叶柄常常呈现紫红色。叶片形状极为不对称，这种叶片基部不对称、偏向一侧，相连呈现一条斜线的情况称为"**叶基偏斜**"。

一些植物的叶片基部是对称的（如苹果），而有些植物的叶片则像中华秋海棠一样基部偏斜（如榆树）。

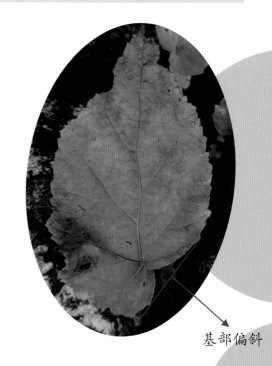

基部偏斜

芦苇是多年生草本植物，根状茎十分发达。秆直立，通常较高，直径1~4厘米，具20多节，基部和上部的节间较短，节下被蜡粉，中空且坚韧，在水中不易变形又可降解，因而也有用芦苇做环保吸管的提案出现过。

蜡粉

草

芦苇

科属分类：禾本科　芦苇属
分　布　地：十渡园区分布
别　　　称：芦、苇、蒹、葭

花期：8~10月

芦苇作为极常见的水生植物，本身适应能力极强，对于水质要求不高，在生态环境较差的地方一样可以生存繁衍，同时其繁殖能力极强，可以做到同时利用根状茎和种子进行繁殖。因此芦苇荡根茎四布，有固堤之效；能吸收水中的磷，可以抑制蓝藻的生长。大面积的芦苇不仅可调节气候，涵养水源，所形成的良好湿地生态环境，也为鸟类提供栖息、觅食、繁殖的家园。芦苇的叶、茎、根状茎都具有通气组织，有净化污水的作用。

　　观古代诗词，其中提到芦苇的文字极多，较为熟悉的有《诗经》之中的《蒹葭》。"蒹葭苍苍"一句所描述的就是芦苇因为具丝状柔毛而呈现白色的小穗。但在诗词中，更主要的是对于"吃"芦苇的描述。

　　宋代沈括《梦溪笔谈》就写到芦苇的美味："荻芽似竹笋，味甘脆可食……芦芽味稍甜，作蔬尤美。"王安石《后元丰行》有曰："鲥鱼出网蔽洲渚，荻笋肥甘胜牛乳。"诗句中的"荻笋"就是"荻芽"，王安石盛赞其美味超过了牛奶，光是描述就叫人垂涎。

　　注意：由于芦苇的净水作用，一些难以分解的有毒物质会在它体内积累，春季最好不要轻易采食芦苇芽，以防摄入过多重金属或其他污染物。

香蒲

科属分类：香蒲科　香蒲属
分　布　地：十渡园区分布
别　　　称：东方香蒲

花期：6~8 月

香蒲富含纤维，同时其在秋天长出极为显眼、褐色的棒状蓬松物——成熟的雌花序，亦称蒲棒。蒲棒可蘸油或不蘸油用以照明，因为形似蜡烛又可燃烧，因而香蒲也被称作水烛。

植物大战僵尸中的香蒲的原型就是这种植物，游戏中它可以发射尖刺，其灵感或许来源于香蒲雌花序顶有尖的特征。

香蒲自古以来被用作编织手工的原材料，关于这一点还有个典故。从晋代开始，官员们常用生牛皮或熟牛皮制成皮鞭，惩戒过失之人。东汉刘宽，涵养深厚，为人有德量。汉恒帝时，征召他为尚书令，升南阳太守，典历三郡。刘宽理政，温仁多恕，属下官吏有了过失，只取香蒲叶制作的蒲鞭示罚，告诫而已。这样人们便以"蒲鞭示辱"来比喻以德从政。李白的"蒲鞭挂檐枝，示耻无扑挟"，苏轼的"顾我迂愚分竹使，与君笑谈用蒲鞭"，都将蒲鞭之典写进自己的诗中。

鸭跖草实质上为春季一年生杂草。别名**兰花草**、**竹叶草**等，是我国北方地区重要的一年生**杂草**，在广东等南方地区则是多年生杂草。

但它又可作为**药材**，为消肿利尿、清热解毒之良药，此外对麦粒肿、咽炎、扁桃腺炎、宫颈糜烂、腹蛇咬伤有良好疗效。

草

鸭跖[zhí]草

科属分类：鸭跖草科　鸭跖草属
分　布　地：上方山—云居寺园区分布
别　　　称：淡竹叶、竹叶菜、兰花草

花期：5~9月

由于其美观的花朵以及极好的适应性，一些爱好栽培的"花友"也会选择种植**鸭跖草**。从其英文名"dayflower"可以看出，鸭跖草的花朵在开放后会很快凋落。因此也有不少人为了易于观赏，选择名字相似的紫**鸭跖草**（鸭跖草科紫竹梅属植物）进行种植观赏。

毛茛是一种可以生长很多年的草本植物。它的须根大多数呈簇状生长，茎直立生长。叶片呈圆心形或者五角形，叶片的正反两面生长着**柔毛**，叶片的柄上也生长着**柔毛**。许多花聚集在一起像一把小伞，叫作**聚伞花序**，花瓣多数5片，黄色，倒卵状圆形。

毛茛科中很多植物都有美丽的花，可供观赏，如**牡丹**、**芍药**、**乌头**、**翠雀**都是著名的花卉。

毛茛科植物含有多种化学成分，许多种植物是**药用植物**，在中国使用历史悠久。毛茛科植物也多是**有毒**植物，如**乌头**、**毛茛**、打破碗花花、升麻、天葵等。

草

毛茛[gèn]

科属分类：毛茛科 毛茛属

分 布 地：十渡园区分布

别　　称：老虎脚迹、五虎草

花期：4~7月

　　在拒马河所在的**十渡园区**，能看到许许多多形态各异的山峰：**笔架山、牛角峰、海棠峪、莲子峰**……，这些山体大部分都是由石灰岩组成的，在流水和风力的侵蚀下形成了**岩溶地貌**（也叫喀斯特地貌）这一地质景观。

　　在这样的地貌上，特别是在**裸露的石灰岩**上，我们能看到许多**能够适应干旱、向阳生长**的植物。

卷柏

草

科属分类：卷柏科　卷柏属
分布地：十渡、石花洞、白石山园
　　　　区分布
别　　称：九死还魂草、长生不死
　　　　草、一把抓、石松

卷柏是一类蕨类植物，它们的叶子像**鳞片**一样附着在枝条上，跟**圆柏**、**侧柏**等植物一样，而且干后的带有叶片的枝条会卷曲，因而被形象地称作"**卷柏**"。

* 虚线示意的是被叶片覆盖的枝条

* 侧柏的叶片像鳞片一样排列在枝条上

* 在枝条上呈鳞片状排列的卷柏叶片

卷柏可以生长在土里，也能在**石灰岩**等岩石上生长。当遇到大旱时，它会蜷缩起自己的枝叶，等到条件合适后又重新张开枝叶生长，是一种"**旱生复苏植物**"。

提到**多肉**，大家最先想到的会是什么呢？

玉露

生石花

仙人掌

在野外，有一种天然分布的"多肉"，常见于**石质山坡**和**岩石上**，以及**瓦房**或**草房顶**上，植株层层拔高如同松树，它的叶片**肉质化**，名字叫作"**瓦松**"。

草

瓦松

科属分类：景天科　瓦松属

分　布　地：云居寺、石花洞景区分布

别　　　称：瓦花、流苏瓦松

　　古时，在少有人烟的破败村镇，瓦松在房顶会特别茂盛，所以在诗文中，常用瓦松比喻**破败衰落**。在瓦松开花的深秋，万物凋零，更添了一份萧索之气。"苏门四学士"之一的张耒，在不如意时作诗道："别来秋苦雨，但觉瓦松长。"

　　瓦松命薄寿短，或在破瓦之上的这些特性，被古时的文人士大夫们所欣赏。唐朝文人崔融作有《瓦松赋》赞道："进不必媚，居不求利，芳不为人，生不因地。"无须谄媚攀附，摇尾乞怜，不因出身卑微而怨天尤人，这才是瓦松最值得赞颂的品性。

*这是另一种瓦松——**钝叶瓦松**，也很常见，叶比瓦松要宽很多。

除了瓦松，**小丛红景天**也是生长在岩石缝中的另一种多肉。他还有一个富有诗意的名字——**雾灵景天**。

草

小丛红景天

科属分类：景天科　红景天属
分　布　地：百花山—白草畔园区偶见
别　　　称：凤凰草、凤尾草、凤尾七

小丛红景天的花是**淡红**或者**白色**的，长成一团一团的，十分好看。小丛红景天还有果实，它的种子是圆形的，具有狭翅。不仅如此，最令人佩服的就是它在恶劣的环境下仍然绽放自己的魅力。小丛红景天生长在**海拔很高的山坡或者石缝中**，每次看到小丛红景天绽放就好像在看一个不屈的灵魂。

费菜是药食同源的一种植物，没有异味，很好吃。开黄色小花，对生存条件要求不高，在缺少阳光的地方也可以生长。在北京，不用防护就能露地过冬。

费菜

草

科属分类：景天科　费菜属

分　布　地：上方山—云居寺园区分布

别　　　称：四季还阳、黄菜、土三七

费菜全草均可药用，具有止血、止痛、散瘀消肿等功效。

费菜株丛茂密，枝翠叶绿，花色金黄，适应性强，适宜用于城市中一些立地条件较差的**裸露地面**作绿化覆盖。

　　离开河边和高山岩壁，走进森林中，我们会见到许许多多成片成片生长的植物，特别是在夏天的时候。相比于生长在路边的植物，这些植物对阳光的需求不高，耐干旱能力一般，不需要很强的光照就能生长，相比于在太阳下被暴晒，它们更喜欢躲在树荫下乘凉。

糙苏

草

科属分类：唇形科　糙苏属
分 布 地：各园区常见
别　　　称：小兰花烟、山芝麻、白
　　　　　荏、常山、续断

花期：6~9 月

糙苏是一种林下非常常见的植物，无论是叶子还是茎秆，揉碎后可以闻到一种特殊的气味，很多唇形科植物都具有这一特点。

糙苏也是一味中药，在我国民间用根入药，有消肿、生肌的效果。

糙苏可以通过种子繁殖：在秋季采集种子并干燥保存，到春天下雨前再将种子散播在山坡空地上。也可以通过扦插或者用根茎进行繁殖。

　　凤仙花科中不少植物以其顽强的生命力和独特的风姿赢得了人们的喜爱，而水金凤作为北京本地的常见野生植物，也见诸于文人墨客笔端。前有宋代杨万里的《凤仙花》："细看金凤小花丛，费尽司花染作工"；后有清代康熙皇帝命内阁学士汪灏等撰成的《广群芳谱》记述凤仙："桠间开花，头翅尾足俱翘然如凤状，故又有金凤之名。"其在百花中的地位虽不比梅、兰、竹、菊、牡丹和芍药，但也称得上小有名气。

水金凤

科属分类：凤仙花科　凤仙花属
分 布 地：白草畔、上方山景区分布
别　　称：辉菜花

花期：6~8 月

水金凤的果实呈线状圆柱形，成熟果实稍遇外力便弹裂开来，像是被保龄球撞散的瓶子掉落在滑道下一样。果实裂开后喷洒出去的种子，散落于周围，第二年就会破土而出，生长发育成为一株新的水金凤，以此"扩充地盘"延续后代。因此于野外所观察到的水金凤大都是多株生长在一起，具有很高的观赏价值。

此种传播种子的方法可以归入**自体传播**，也就是依靠植物自身的力量，让种子得以传播开来，多出现在角果以及蒴果中。例如，与水金凤同结蒴果的早开堇菜，果实成熟后也会将种子弹射出去。

大叶铁线莲

科属分类：毛茛科　铁线莲属

分 布 地：上方山景区常见

别　　称：草本女萎、草牡丹、木通花

花期：8~9 月

大叶铁线莲是毛茛科铁线莲属的多年生草本，有时也会生长成为半灌木。铁线莲属中其他植物大部分都是藤本，它却是一个另类，为**半灌木**。

顶生小叶　　　两片侧生小叶

大叶铁线莲的叶片摸起来像光滑的牛皮纸，叶片为典型的三出羽状复叶，由一枚具有小叶柄的顶生小叶和两枚几乎没有叶柄的侧生小叶组成一片完整的叶子。

顶生小叶的叶柄

大叶铁线莲所属的科——**毛茛科**，在进化上是一个比较原始的科，里面的很多植物都没有花瓣或者花瓣不发达。大叶铁线莲也是，我们看到的紫色的"花瓣"，其实是它的花萼。

最外面紫色的是它的花萼，没有花瓣

这四片花瓣似的花萼组成一个十字形，让昆虫能够精准命中"目标"，帮忙传粉。

大叶铁线莲有一个俗名叫"气死大夫"，是因为以前人们觉得它能包治百病，像仙草一样神奇，都不需要找大夫（也就是医生）看病，大夫挣不了钱就很生气。当然这只是对大叶铁线莲药用价值的一个形容，医生不可能这么小心眼，能被一棵小草气死。

玉竹，因其"叶光莹像竹，其根长而多节"而得名，古时也叫葳蕤。

在《神农本草经》里被列为上品之药，生性甘，微寒；归肺，胃经，具有养阴润燥，生津止渴作用。

玉竹的根，也就是入药的部分，李时珍说玉竹"根长而多节"，每年秋季，其根就会被挖采，被晒软后，反复揉搓，再被晒干切片。

玉竹

草

科属分类：百合科　黄精属

分 布 地：百花山、白草畔、上方山园区常见

别　　称：尾参、地管子、铃铛菜、葳蕤

生来肩负使命，为人类的健康而付出终身。

花期：5~7 月

紫斑风铃草

科属分类：桔梗科　风铃草属

分　布　地：百花山—白草畔园区分布

别　　　称：吊钟花、灯笼花、山萤袋

花期：7~8月

　　如同它的名字"**紫斑风铃草**"一样，花朵内外皆有**紫色斑点**，花多数形似风铃或是古钟，因此也有**吊钟花、灯笼花**的称谓，也多作为观赏植物进行培育。

　　实质上，风铃草属大多数的花朵都犹如**风铃**，并由此得名；和中文里命名为"风铃草"一样，它们的拉丁属名与英语的通俗名 bellflower，均用"铃铛"一词来表达。

　　在英国，人们认为风铃草的花朵像天主教坎特伯雷大教堂朝圣者手摇的铜铃，因此又把它称为"**坎特伯雷之钟**"。

草莓是属于蔷薇科草莓属。而**蛇莓**则是属于蔷薇科蛇莓属的一种一年生草本植物，喜欢生长在山坡、草地、林下、田埂杂草中等阴凉之处，一般成片生长，夏天有花，秋天结果。

草

蛇莓

科属分类：蔷薇科　蛇莓属
分　布　地：上方山景区分布
别　　　称：三爪风、龙吐珠、蛇泡草

花期：6~8 月

蛇莓和草莓有没有关系呢？

蛇莓，虽然它的名字带有"莓"字，它的果实又与草莓一样红通通的，但其实它跟草莓的关系并不大。蛇莓的果实基本上没有什么味道甚至有点小毒，蛇莓在中国原本就有分布，而草莓则原产于美洲，所以蛇莓和草莓还是有一定区别的。

夏天，**白草畔**繁花似锦，这时，我们登上山顶，来到**白草畔景区**，就能看到大片大片五颜六色、形状奇特的花朵，也有许多能够抵御山顶低温而生长繁衍的非常特别的植物。

图片摄于白草畔景区

火绒草

火绒草跟蓝刺头一样，也是**菊科**植物。火绒草身上布满了白色的茸毛，这些茸毛不仅让火绒草看起来毛茸茸的非常可爱，而且还具有一定的**保暖作用**。

科属分类：菊科　火绒草属

分 布 地：百花山—白草畔园区分布

别　　称：老头草、海哥斯梭利、大头毛香、火绒蒿、驴耳朵

花期：5~8 月

为什么火绒草身上的茸毛能保暖呢？

火绒草身上的茸毛**能够减缓自身的水分蒸发**，而水分蒸发会吸热，带走热量，所以火绒草的茸毛能够减少自身的热量散失，从而避免了在高海拔寒冷的环境下被冻伤的风险。

蓝刺头适应力强，耐干旱，耐瘠薄，耐寒，喜凉爽气候和排水良好的砂质土，忌炎热、湿涝，可粗放管理。是一种良好的夏花型宿根花卉。

蓝刺头

草

科属分类：菊科　蓝刺头属
分 布 地：百花山—白草畔园区常见
别　　称：白茎蓝刺头

花期：8~9 月

蓝刺头可以作鲜切花和干花应用，具有一定的经济价值。蓝刺头因其花色艳丽丰富，观赏性强，作为鲜切花可应用于装饰家庭、宾馆、饭店等，上市后获得众多消费者的喜爱和认可。

相传很久以前，苏格兰的城堡被丹麦军队突袭，但是丹麦军队在行军的路途上不小心被蓝刺头的刺扎到，士兵们疼痛不已发出哀叫声。因此被苏格兰的士兵察觉，起来反击，最后大获全胜。苏格兰人为了纪念这场胜利，将蓝刺头视为国花，蓝刺头也因此有了"老天保佑"的寓意。

白苞筋骨草

科属分类：唇形科　筋骨草属

分　布　地：百花山—白草畔园区分布

别　　　称：甜格缩缩草

花期：7~9 月

白苞筋骨草是唇形科的多年生草本植物，多生长于海拔1900~3200 米的高山草地。

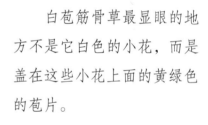

苞片

藏在苞片下的小花

白苞筋骨草最显眼的地方不是它白色的小花，而是盖在这些小花上面的黄绿色的苞片。

在白天，这些苞片能反射阳光，吸引昆虫帮忙传粉；到了晚上，由于白苞筋骨草身处高海拔地区，气温较低，这些苞片就能起到一定的保温作用。而且对于帮忙传粉的昆虫来说，这些苞片也能起到一定的庇护作用，防止它们被天敌捕食。

梅花草

科属分类：虎耳草科　梅花草属

分　布　地：百花山—白草畔园区偶见

别　　　称：苍耳七

花期：7~9月

植物界里有雄性延时现象，并且它们会有一些延时的手段，**梅花草**就是这样的一个物种。

梅花草属虎耳草科。它有五个萼片，五个花瓣，五枚雄蕊和一个雌蕊。

从正上方看，可以看到它的五枚雄蕊的位置是不一样的，其中有四枚雄蕊是倒下去的，有一枚雄蕊是竖起来的，并且在花朵的正中央，在雌蕊的正上方的。在梅花草的开花过程中，这五枚雄蕊会轮流竖起来再倒下去，一枚雄蕊竖起来之后会释放花粉，等到它的花粉释放完了之后就会倒下去，这时下一枚雄蕊再竖起来再倒下去，以此类推。

这样可以极大地延长这朵花花粉的释放时间，这是植物界里出现的雄性延时现象。

金莲花被誉为"塞外龙井"，民间素有"宁品三朵花，不饮二两茶"之说，在清代还被列为宫廷御用的名贵茶饮。金莲花茶色泽金黄澄明，喝起来清纯爽口，有生津润燥、清咽利喉的效果，是一种**清火败毒**的绝好饮品。

草

金莲花

科属分类：毛茛科　金莲花属

分　布　地：百花山—白草畔园区偶见

别　　　称：旱荷、陆地莲、旱地莲、金梅草

花期：6~7月

　　金莲花花冠金黄色，形似莲花，故又名旱荷、陆地莲。

　　《本草纲目拾遗》中记载："金莲花味苦，性寒。治口疮、喉肿、浮热、牙宣等"。现代研究证实，金莲花含有的生物碱及黄酮类成分，入茶可清热杀菌，对于慢性咽炎、喉火、扁桃体炎等有消炎和治疗作用。

警告：很多植物都有一定的毒性，食用或药用之前请先咨询相关医师！

金露梅

金露梅是蔷薇科的一种灌木植物，高度大多在半米和两米之间。因其精致呈金黄色的花而被称为"**金露梅**"。在内蒙古，它是骆驼最爱吃的一种饲料。

科属分类：蔷薇科　委陵菜属
分　布　地：百花山—白草畔园区偶见
别　　　称：药王茶、金蜡梅、金老梅

花期：6~9月

金露梅的花朵还未开放时，最外轮绿色的花片向外展开，第二轮红黄绿相间的花瓣紧紧包裹着还未开放的花瓣。

还有一种植物叫作"银露梅"，与金露梅最明显的区别就是金露梅的花朵是金黄色的，而银露梅的花朵是银白色的。

金露梅的花

银露梅的花

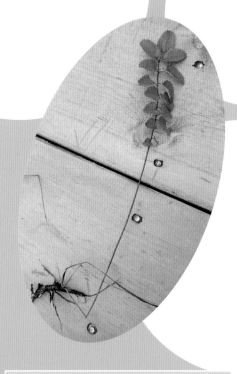

草

地榆

科属分类：蔷薇科　地榆属

分　布　地：百花山—白草畔园区广布

别　　　称：山枣子、玉札、黄瓜香

花期：7~10 月

地榆根的形状呈纺锤形

地榆是蔷薇科多年生草本植物，因其叶片揉搓后有一股黄瓜气味而被称作"**黄瓜香**"。

又因为它常见于山地、具有像地瓜一样的纺锤形块根，又被称为"**山地瓜**"。还有它红色的花，一串一串地开放，"**一串红**"就是再形象不过的名字了。

地榆的花被形象地称作"一串红"

地榆的**叶片**是由一片片**小叶**组成的，每一片小叶上面都有许多排列得整整齐齐的"**粗锯齿**"。

这是地榆的一片叶子

一片小叶

白草畔起雾的时候经常可以见到
地榆在吐水

龙牙草的吐水现象

如果你在**闷热**、**潮湿的天气**或者在早上见到一棵地榆，细心观察后你可能就会发现一个非常有趣的现象：小叶片的每一个锯齿上都悬挂着一颗晶莹剔透的水珠。你可能会怀疑这是露水，但其实这是地榆从体内排出的水分，植物学上称之为"**吐水**"。如果你再仔细一些，就会发现这些水珠的大小几乎都是相同的，而人为喷上去或自然凝集的水是很难产生这么整齐的水珠的！

我们身边的很多植物都有吐水现象，比如说大多数的禾本科植物、龙牙草、委陵菜等。

野罂粟是罂粟科罂粟属的多年生草本植物。"罂粟"指的就是那个能够用来提取鸦片、制作毒品的罂粟，罂粟属的植物都可以简称罂粟，但是其中只有一部分植物中含有较多的鸦片碱、吗啡等物质，另一部分植物中这些物质的含量很低。野罂粟与罂粟是近亲，但是它们之间又有一些区别。

草

野罂粟

科属分类：罂粟科　罂粟属
分 布 地：百花山—白草畔园区分布
别　　称：冰岛罂粟、山罂粟、冰岛
　　　　　虞美人

花期：6~7月

野罂粟的花一般为**黄色**、**橙黄色**，很少呈现红色，而**罂粟**的花颜色非常多，有**白色**、**粉红色**、**红色**、**紫色**或**杂色**；二者的果实也有区别，野罂粟的果实外面凹凸不平而且有白色或者褐色的硬毛，罂粟的果实外面光滑，常常有一层白粉，长得也比较饱满。

野罂粟在一些国家可以合法种植，主要用作园林观赏，而罂粟的种植在中国受到**严格管制**，私自大面积种植是违法行为。植物本身并没有高低贵贱之分，也没有孰好孰坏一说。罂粟里的那些吗啡、罂粟碱等物质是植物为了保护自己而产生的，对人类来说，用得好就可以用来制作镇痛麻醉、治疗血栓的药物，用得不好就成了制作鸦片、毒品的原料，为害人间。因此，我们要坚决抵制毒品，把植物用在正途上！

珊瑚兰

科属分类：兰科　珊瑚兰属
分 布 地：百花山—白草畔园区仅见
别　　称：无

花期：6~7 月

珊瑚兰是**兰科**的一种植物。兰科是世界上最大的植物家族之一，至少有超过两万种植物，中国有 1240 种左右。

珊瑚兰是一种非常少见又很珍稀的植物。**仅在百花山—白草畔园区**偶尔能见到它的身影。

虽然兰科的植物很多，但是它们的生存状况并不乐观。兰科植物对生存环境的变化非常敏感，有时一点点的变化就会让兰科植物在一个地方销声匿迹，所以野生的兰科植物都是严禁个人随意采挖的！！！

柳兰，因其叶子像柳树的叶子，花朵像兰花，故名"柳兰"。在分类学上属于柳叶菜科柳叶菜属多年生草本植物。

柳兰

草

科属分类：柳叶菜科　柳叶菜属
分 布 地：百花山—白草畔园区分布
别　　称：糯芋、火烧兰、铁筷子

花期：6~9月

柳兰花穗较大，花色艳美，是理想的夏花植物。其地下根茎生长能力较强，易形成大片群体，开花时十分壮观。最容易在**火烧迹地**成片生长，因此它是火烧迹地的**先锋植物**。而且它植株较高，适宜作花境的背景材料，也可作插花。

圣莲山园区

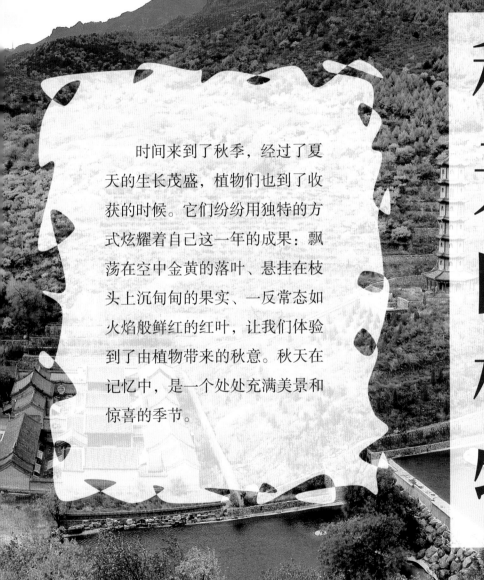

时间来到了秋季，经过了夏天的生长茂盛，植物们也到了收获的时候。它们纷纷用独特的方式炫耀着自己这一年的成果：飘荡在空中金黄的落叶、悬挂在枝头上沉甸甸的果实、一反常态如火焰般鲜红的红叶，让我们体验到了由植物带来的秋意。秋天在记忆中，是一个处处充满美景和惊喜的季节。

秋天的植物

如果要选出最能代表秋天的颜色，那一定是金黄色；如果说什么最能代表秋天的金黄色，那一定是地上满满的落叶。但是有些植物，它们抛弃了经典的黄色，选择了鲜艳的红色作为秋天的标志，比较常见且令人印象深刻的有黄栌、元宝枫，还有火炬树、漆树。到了秋天，漫山遍野的红叶让人们体验到一种别样的风光。

北京香山的红叶声名在外，却有很多人不知道这些红叶到底是什么植物。这种植物便是漆树科的"黄栌"。

黄栌

灌

科属分类：漆树科　黄栌属
分　布　地：十渡、石花洞园区分布
别　　　称：红叶、路木炸、浓茂树

黄栌的"黄"来源于它的树干内部。如果把黄栌的树皮轻轻剥开，就可以看到里面呈现出鲜艳黄色的**木质部**，古人就从黄栌中提取黄色的染料。

很多**漆树科**植物的叶子在秋天都会变红，但是像下文说的**火炬树**，却是外来物种，可能会对当地的生态环境产生影响。而黄栌原本就分布在中国，所以到了秋天，我们可以放心地观赏漫山遍野黄栌的红叶。

元宝枫

科属分类：无患子科 槭属

分 布 地：百花山、上方山景区分布

别　　称：华北五角槭、平基槭、
　　　　　元宝树

元宝枫的果实
长得很像元宝

很久很久以前有一个猎人，有一天，他赶集归来时从恶狼口中救下了一只小白兔。小白兔原来是山神的女儿，为报答他便答应满足他一个愿望。猎人取出自己刚刚卖猎物换来的一个小银元宝，希望小白兔能变出很多，以救济穷苦百姓。小白兔把元宝埋进土里，土里很快长出了芽，芽长成树，树上结满元宝形果实。再把种子种下，树长成林。有了树林，便有了药材、木材和更多野兽，猎人和他的乡亲们采药、打猎、伐木，过上了富足的生活。而故事中的这种结元宝的树，便是**元宝枫**。

　　元宝枫树形优美，枝叶浓密，入秋后，颜色渐渐变红，红绿相映，甚为美观，是优良的园林绿化树种。同时木材坚韧细致，可做车辆、器具、建筑用材等。种子可榨油，供食用及工业用。树皮纤维可造纸及代用棉。

火炬树，听名字就知道不简单，既然放到了红叶这一部分而且名字又带有"火炬"两个字，那它在秋天肯定红得像火一样。

夏末初秋的**火炬树**首先会结出火红的果实挂在枝头，随即摇身一变，全身的叶子由绿色变为红色，像是鲜红的火焰在树上燃烧。

火炬树

科属分类：漆树科　盐肤木属
分　布　地：云居寺、石花洞景区分布
别　　　称：鹿角漆、火炬漆、加拿大
　　　　　　盐肤木

成片的**火炬树**变红之后的景象也是十分令人惊奇的，但是火炬树作为外来物种，成片的火炬树并不见得是好事。火炬树是否为入侵树种尚无定论，但火炬树有非常强的侵占力，一旦离开原产地，就会因为失去天敌的控制而疯长，危及引种地的自然生态系统，导致**生态失衡**。在火炬树成片生长的地方，大量本土物种很有可能会受到排挤。

秋天的红叶家族中还包含家喻户晓的"漆树"。

漆树据说是一种会"咬人"的树，在民间一直流传着漆树咬人的传闻。那漆树为什么会咬人呢？

漆树之所以能够咬人，是因为树皮下面流出的乳白色汁液，叫生漆。其中含有漆酸，一旦与人的皮肤接触，就很容易发生过敏反应。一般情况下，从接触到病发，会有几个小时到几天的潜伏期，病发的时候就会浑身起疹子，又痒又痛十分难受！脸、手、脚等处都有可能红肿。如果得不到及时的救治，后期全身都会溃烂，甚至有可能会出现生命危险！

漆树

乔

科属分类：漆树科　漆树属
分 布 地：十渡、白草畔景区偶见
别　　称：漆树、山漆、小木漆

但同时，漆也是中国最古老的经济树种之一，籽可榨油，木材坚实，为天然涂料、油料和木材兼用树种。漆液是天然树脂涂料，素有"涂料之王"的美誉。干漆在中药上有通经、驱虫、镇咳的功效。

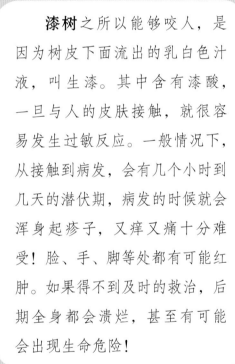

　　除了绚烂的秋叶，与秋天密不可分的就是枝头上那些饱满又诱人的果实了！

　　与我们平常吃的水果不同，想吃野果的话需要自己动手去摘，味道也别具一格。虽然这些植物有很多枝叶上都长满了刺，但是谁又能挡住美味的诱惑呢？

最最常见也最值得一尝的就是酸枣了！

酸枣是枣的一个变种，在北方很常见。它的叶片小而绿，锃光发亮，且身上生着坚硬的刺。酸枣的花很小，呈粉白色，落花之后结果。

灌

酸枣

科属分类：鼠李科　枣属

分 布 地：十渡、野三坡、石花洞
　　　　　园区分布

别　　称：山枣树、硬枣、棘

果期：8~9 月

酸枣的果实很小，只有拇指般大小，滋味很丰富，又酸又甜，尤其是完全成熟的果实，果皮全部发红，甜度会更高。

酸枣中含有大量的维生素 C，其含量是柑橘的 20~30 倍，人体可利用率高达 86.3%，堪称水果中 VC 的佼佼者。

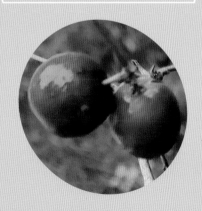

好漂亮的草莓，可以吃吗？

好耶！

啊！好痛！嘤嘤嘤！

当然可以啦，不过摘的时候要小心被扎哦！

除了酸枣，**山楂叶悬钩子**也是非常值得尝一尝的，它是一种常见的外形像草莓一样的野果，也叫"**牛叠肚**"。它的味道酸酸甜甜，带着一点苦涩。但它也跟酸枣一样，枝条和叶片上长满了刺，摘的时候一定要小心啊！

山楂叶悬钩子

科属分类：蔷薇科　悬钩子属
分　布　地：各园区均有分布
别　　　称：马林果、托盘、蓬蘽、
　　　　　　牛叠肚、覆盆子

果期：7~9 月

灌

山楂叶悬钩子还有另外一个特点就是它的根茎纤维含量高，现在市面上还有很多纸都是用它造的。正是因为牛叠肚食用价值高，利用范围广，现在已经有很多人开始尝试种植牛叠肚了！

接下来这种植物我们都很熟悉了，它就是**枸杞**，属于**茄科**枸杞属的一种植物。

枸杞

灌

科属分类：茄科　枸杞属

分　布　地：上方山—云居寺园区分布

别　　　称：狗奶子、狗牙根、狗牙子、
　　　　　　牛右力、红珠仔刺、枸杞菜

果期：8~11 月

枸杞具有很高的食用和药用价值，但并不是吃得越多越好，如果在野外见到枸杞的话，摘几个尝尝味道就好，吃太多的话是会有一定的副作用的！

你知道吗？我们平常吃的**茄子**、**西红柿**、**辣椒**都是茄科的，还有**土豆**（马铃薯）也是。不同的是，我们吃的不是土豆的果实，而是它膨大的变态茎。

形形色色可食用的茄科植物

我们吃的马铃薯其实是块茎，上面的凹陷处长有可以长成幼苗的"芽"

刺果茶藨子的果实和枝条长满了密密麻麻的刺，让人觉得既难以接近又无从下口，但实际上刺果茶藨子的果实味道还不错，营养价值也比较高。

刺果茶藨(biāo)子

科属分类：虎耳草科　茶藨子属
分　布　地：百花山—白草畔园区偶见
别　　　称：刺李、刺梨、山梨、刺醋李、酸溜溜

果期：7~8 月

刺果茶藨子的果实适合用来做果汁、果酱，成熟后去掉刺也可以直接食用，味道酸甜可口。但是它的开发程度远远不及酸枣、悬钩子等野果，有待普及和培育。而果实上的刺经过长时间的人工培育后就可逐渐减少甚至消失，更加适合人类食用。

刺果茶藨子往往生长于海拔 900~2300 米的山地针叶林、阔叶林或针阔混交林林下及林缘，也见于山坡灌丛及溪流旁，总体来说是一种适应性很强的植物。

除了能吃的野果，还有很多植物的果实我们人类尝起来要么又苦又涩，要么寡淡无味，但往往这些果实却很受鸟类的青睐。数量越多、颜色越鲜艳的果实越容易吸引到鸟类的注意，也越容易通过鸟类的粪便传播自己的种子。

小花扁担杆是椴树科扁担杆属植物扁担杆的一个变种。它在北京的山地非常常见，在一些公园中也能经常见到它的身影。

小花扁担杆

灌

科属分类：	椴树科　扁担杆属
分　布　地：	各园区广布
别　　称：	扁担杆、孩儿拳头

果期：10~12 月

小花扁担杆给人印象最深刻的是它的果实，特别是在秋天和冬天万物凋零的时候，你远远的就可以看到一团团红色的果实悬挂在枝头，非常惹人注目，一些小动物看到后就会前去取食，这也就帮小花扁担杆传播了它的种子。

仔细观察**小花扁担杆**的果实，你可能会觉得它有些可爱，而小花扁担杆另一个名字就来自它非常有特点的果实——挂在枝条上的一个个小小的果实就像是婴儿攥紧的拳头，因此而得名**"孩儿拳头"**，是不是很形象呢？

小叶鼠李

科属分类：鼠李科 鼠李属
分 布 地：十渡、石花洞园区分布
别 称：黑格铃、大绿、叫驴子、麻
绿、琉璃枝、驴子刺

果期：6~9 月

小叶鼠李常生于海拔 400~2300 米的向阳山坡、草丛或灌丛中。多生长于较湿润的杂木疏林中，或林缘、北方风化岩地貌的岩石缝隙中。喜光耐荫、耐寒，适应性强。

小叶鼠李是北京极为常见的灌木，大觉寺中有一棵巨大的柏树，在树干分支处寄生了一株小叶鼠李，犹如一朵蘑菇云腾空，成为大觉寺一大奇景。

小叶鼠李是一种多功能园林绿化植物，既可以用作观果绿篱，也可以制作盆景。

金银忍冬也叫作"**金银木**"。金银忍冬的花刚刚开放时是白色的，之后逐渐变为金黄色，经常能看到白色和黄色的花一起开放，好似金银交错，故名"**金银忍冬**"。

秋天，金银忍冬结出的果实鲜红诱人，但实际品尝时只有放到嘴里的那一刹那是甜的，之后就会变得非常苦，不过这在鸟儿们的眼里却是不错的食物。

金银忍冬也是常见的园林绿化植物，秋天在北京市区也能见到许多结着红通通果实的金银木。

灌

金银忍冬

科属分类：忍冬科　忍冬属
分 布 地：上方山景区分布
别　　称：金银木、王八骨头

果期：7~9月

随着干枯的树叶落下，冬天悄然而来，掉光了叶子的树好像都是一个样子，嶙峋的枝杈看起来别样的萧瑟。

但其实仔细看，冬天并不都是没有生机的黑色，曼妙的**白桦**裹一树白霜，装点着森林。散发着青春活力的**青榨槭**在冬天也是显眼的存在，翠绿的树皮给冬天带来一丝丝的活力。高大的**油松**一身绿装与夏天并无区别，老成的**侧柏**也是一身常年不换的造型默默忍受着凛冽的寒风。

冬天的植物

百花山景区

冬天，常常可以看到很多仍然身披绿色的植物矗立在严寒之中。下过一场大雪后，压在枝条上的积雪仍然难以掩盖绿叶释放的生机。这时如果我们在房山看到了一片绿色，那它们很有可能就是**侧柏**了。

乔

侧柏

科属分类：柏科　侧柏属
分 布 地：各园区广泛分布
别　　称：香柯树、香树、扁桧、香柏、黄柏

果期：7~9 月

侧柏的树冠呈尖塔形。小枝扁平，排成一平面，上面生有鳞片状小叶（这个特点在卷柏那里已经介绍过一次了哦！）。**侧柏**一年四季常绿，它的果子是鸟儿最喜欢吃的食物之一。

侧柏可以在寒冷气候下生存。冬天，寒风刺骨，侧柏依然傲然挺立，魁梧而又勇敢，在刺骨的寒风中有一种独特的美。

侧柏是荒山造林的优良树种。以前在北京**土壤贫瘠、乱石丛生**的山区，植物无处扎根，生态条件恶劣，造林十分困难。那时人们用炸药炸坑的方式，在坑里种下**侧柏树苗**，解决了向阳陡坡植被覆盖率低的困境。侧柏林抗旱的优良品质，为之后的生态修复打下了坚实的基础。

油松也是北京非常常见的常绿乔木之一。油松的叶与众不同，呈簇状生长，又尖又长，像一根根绣花针。球果成熟时种鳞分层裂开，像盛开的花。油松种子是松鼠最爱吃的食物。

油松

科属分类：松科　松属

分　布　地：十渡、野三坡、白石山园
　　　　　　区分布

别　　　称：短叶松、红皮松

油松挺拔的枝干呈**深褐色**，笔直向上生长。油松的树枝一层一层，平展着伸向四面八方，像是一把绿油油的大伞。

油松的寿命较长，最长可以存活上千年，同时油松属于常绿乔木，在冬季极寒的条件下叶片也是绿色的，所以油松在中国人眼中意味着长寿、坚贞。

还有它们，虽然没有了树叶，但是这些植物最最明显的特征就是它们的树皮了！

白桦是桦木科的乔木。白桦最让人印象深刻的就是它呈**纸状剥落**的树皮，这种特点在冬天就更容易引起人们注意。这样开裂的树皮非常容易被剥下来，有些地方的人们会用剥下来的树皮写字或者用来做装饰材料。

乔

白桦

科属分类：桦木科　桦木属
分 布 地：百花山—白草畔园区常见
别　　称：桦皮树、粉桦

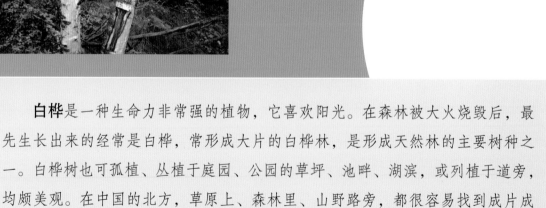

白桦是一种生命力非常强的植物，它喜欢阳光。在森林被大火烧毁后，最先生长出来的经常是白桦，常形成大片的白桦林，是形成天然林的主要树种之一。白桦树也可孤植、丛植于庭园、公园的草坪、池畔、湖滨，或列植于道旁，均颇美观。在中国的北方，草原上、森林里、山野路旁，都很容易找到成片成片茂密的白桦林。白桦树是**俄罗斯**的国树，是这个国家民族精神的象征。

说完白桦，再来说说**黑桦**。黑桦一般生长在高海拔地区（1000米以上）的**阴坡**或**沟谷**中，这点与**白桦**非常相似。黑桦的材质重，也是很好的用材树种，可以用来做各种胶合板和家具。

黑桦

乔

科属分类：桦木科　桦木属

分 布 地：百花山—白草畔园区常见

别　　称：臭桦、棘皮桦

你知道怎么分辨白桦与黑桦吗？

黑桦与白桦最好区分的地方是**树皮**。白桦的树皮通常是白色的，开裂的程度远不如黑桦，撕下来的树皮比较平整；黑桦则是一层层、一片片的开裂，呈现的是一种干枯的黑色，很容易揭下来，掉下来的树皮凹凸不平。

青榨槭

科属分类：槭树科　槭属

分　布　地：百花山—白草畔园区偶见

别　　　称：大卫槭、青虾蟆、青蛙腿

青榨槭是槭树科槭属的乔木植物。冬天，它最具特点的地方也是在于树皮。

　　如果你是第一次见到**青榨槭**，你一定会先被它的树皮吸引，觉得它的树皮非常奇特。它的树皮为竹绿色或蛙绿色，颜色独具一格，又有许多银白色的纵向线条，给人一种说不出的美感，这些纵裂的纹路似乎透露着树皮内蕴藏的无限生机，观赏效果极佳。

趣味植物

无论是在动物界还是植物界，总有那么一些物种在某些方面显得非常与众不同，也往往会因为这些"特点"而给人以深刻的印象，这些特点或令人觉得有趣，或令人感到烦恼，下面我们就来看看在房山世界地质公园有哪些有趣的植物吧！

首先就是那些**果实带钩**，每次都给我们带来"惊喜"的植物。

苍耳

科属分类：菊科　苍耳属

分 布 地：十渡、石花洞园区常见

别　　称：苍子、菜耳、青棘子、苍
　　　　　浪子、粘头婆、怠耳、告
　　　　　发子

果期：9~10 月

苍耳不只是小说里的名字，也是真实存在的。就是小时候淘气的我们在外面玩的时候总是不小心粘到我们裤腿上面被带回家的小东西。因为它的刺上面是有小钩子的，所以粘到身上不特意去拿掉的话，很难自己掉下去。

苍耳自然生长在荒野、路边、沟旁、田边、村旁等处。喜欢生长在土质松软深厚、水源充足及肥沃的地块上。

除了苍耳，还有一种非常常见的"粘人"的植物，它的名字叫**鬼针草**，也是菊科的一种植物，经常生长在村旁、路边的荒地中，全国各地几乎都能见到它的身影。

鬼针草

科属分类：菊科　鬼针草属

分 布 地：各园区常见

别　　称：金盏银盘、盲肠草、豆渣菜、豆渣草、引线包、一包针、粘连子、粘人草

果期：9~10 月

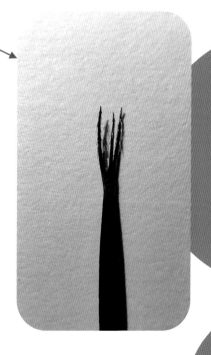

它跟苍耳一样，也是靠果实上的"**钩**"钩在动物的皮毛、人的衣服上的。

有时走过一片草地、跨过一条土沟或者经过一块岩石荒地，出来的时候就会发现裤子上粘满了密密麻麻的**鬼针草**。

龙牙草

科属分类：蔷薇科　龙牙草属
分　布　地：十渡、石花洞园区常见
别　　　称：瓜香草、仙鹤草

果期：9~10 月

龙牙草是蔷薇科多年生草本植物，在
北京的山区非常常见。

它的叶片是复叶，上面的小叶片
一大一小，呈羽状排列，每一个小叶
片的边缘上都有许多锯齿。

果实上面也有许多弯弯的**钩状结构**，能够钩在动物的皮毛或者人的衣服上，有
利于自身的种子向远处传播。

龙牙草的果实也有许多倒钩

龙牙草还有一个名字叫"**仙鹤草**"。相传，古时候有两个秀才进京赶考，途中经过一片荒野，烈日当空，他们感觉又渴又累。突然，一个秀才开始流鼻血，用尽办法却都无法止住，荒郊野岭又找不到药材。

就在这时，他们忽然看到天上有一只仙鹤飞过，它的嘴里衔着一棵形状奇特的草。他们大喜，连忙呼喊向仙鹤求救，谁知仙鹤被吓了一大跳，嘴一张，赶紧飞走了。

这时他们发现仙鹤嘴里衔着的草掉了下来，那位还在流鼻血的秀才赶忙把草捡起来放在嘴里嚼。奇迹发生了，秀才觉得不渴了，也有力气了，鼻血也止住了，他俩大呼神奇，高兴地继续赶路。

后来，他们都中了进士，当上官后立马派人上山寻找那种药草。经过医生辨认和试验，证明这种草确实有止血的功效，他们为了纪念仙鹤，就为这种草取名为"仙鹤草"。

人在下雨的时候要打伞，而有些植物不管是不是在下雨都会撑起一把小伞。这些伞有的是由一片片叶子围成一圈组成（一把伞南星），有的是由一枚叶片掌状深裂形成的（兔儿伞），还有的植物的花看起来就像一把小伞（北重楼的花）。

著名儿童文学作家金波先生曾写下过关于**兔儿伞**的文章《开满兔儿伞花的地方》。他出生于北京，后又在首都任教，想必写下关于**兔儿伞**的故事的时候，也是回忆起自己幼时所见到的兔儿伞。不过兔儿伞掌状深裂的叶片正如其名字一样，像伞骨一般，不难让人产生与童话故事相关的联想。

兔儿伞 草

科属分类：菊科 兔儿伞属
分 布 地：白草畔、上方山景区分布
别 称：一把伞、伞把草

兔儿伞在部分中草药相关的书籍中，由于其掌状深裂的叶片以及较长的叶柄，似伞骨状，因此有一把伞、伞把草等别称。

而在这几个别称之中，只描述了兔儿伞本身如伞一样的形态，却遗漏了兔儿伞相当重要的一个形态特征——叶被密蛛丝状茸毛，这些茸毛有如白兔被毛。因此如果要问兔儿伞的"兔儿"在哪里，答案就在它叶片上的这些茸毛上。

一把伞南星是天南星科的多年生草本植物。一把伞南星的名字来源于它的外形：一片大大的叶子像一把伞。

一把伞南星

科属分类：天南星科　天南星属

分　布　地：十渡、上方山景区分布

别　　　称：法夏、虎掌南星、天南星

　　它的果实也很有特点，成熟之后可以看到密密麻麻的小浆果在上面有序排列，就像北方农家在屋檐下悬挂的玉米棒子。

一把伞南星在我国的分布非常广泛，各地的叫法也不一样。在贵州叫**蛇包谷**，在湖北叫它**铁骨伞、蛇舌草**，在福建叫它**打蛇棒**。它喜欢生长在阴湿的环境中，常见于山谷溪水边或林下，在干燥的山坡草丛中一般见不到它们的身影。

一把伞南星具有强烈的**毒性**，早在《神农本草经》中就有记录："初为瘙痒，而后麻木"。它全身有毒，对人体皮肤会产生强烈的刺激。如果不慎误食的话，会出现口喉发痒、灼辣、麻木、舌疼痛肿大、言语不清、味觉丧失等症状，严重的甚至会出现昏迷和窒息，最终导致死亡。

北重楼是百合科重楼属的一种多年生草本植物。北重楼开花时，上下两层绿色的叶片看起来就像两层楼房一样排列，故名"**重楼**"。区别于南重楼，北重楼多见于北方，所以被叫作"北重楼"。

北重[chóng]楼

草

科属分类：百合科　重楼属

分　布　地：上方山景区分布

别　　称：无

北重楼植株顶端的那一轮比较大的叶片通常会有4~5枚，它不是传统意义上的叶片，而是长成叶片形状和颜色的**花被片**，它的上面其实还有一轮花被片，呈细细的条状，也是绿色的，如果不仔细观察很难发现。

像叶片的最外轮**花被片**

雄蕊，黄色为花药，里面有花粉

子房，将来发育成果实

细丝状的内轮花被片

而顶部的那些竖起来的带有黄色的条状结构是它的雄蕊，上面的黄色是它产生的花粉。中间那个紫黑色的扁平球体是它的子房，将来会发育成果实。

　　前面介绍的所有植物都是通过自身的光合作用养活自己的，这种营养方式称为"**自养**"。而有些植物像动物体内的寄生虫一样，寄生在别的植物上，这类植物称为**寄生植物**。

槲寄生是比较难见到的寄生植物，因为它一般生长在高大的乔木上，难以近距离观察，而且随着工业化的发展，环境污染逐渐加重，森林面积减少，槲寄生也难以通过鸟类取食果实来传播种子了。

槲寄生

科属分类：桑寄生科　槲寄生属
分布地：十渡园区偶见
别　称：北寄生、寄生子、冬青

草

　　每到秋冬季节，槲寄生的枝条上就会结满橘红色的小果。以槲寄生果实为食的鸟类就会聚集在结有果实的槲寄生丛周围，一边嬉戏一边吃果实。由于槲寄生的果肉富有黏液，它们在吃的过程中会在树枝上蹭嘴巴，这样就会使果核粘在树枝上；有的果核被它们吞进肚子里，随着粪便排出，粘在别的树上。这些种子并不能很快萌发，一般要经过3~5年才会萌发，长出新的小枝。有时槲寄生的种子落在槲寄生丛中，也会长出小的槲寄生。

130

日本菟丝子，也叫**金灯藤**，是野外比较常见的一种寄生植物。虽然它还有着无根藤、无叶藤这样听起来无依无靠的名字，同时无根无叶的特质意味着它无法自行进行光合作用，看起来似乎生存下去都成问题，但不要被它这样无害的名字和外表所欺骗。

日本菟丝子

草

科属分类：旋花科　菟丝子属

分　布　地：各园区常见

别　　　称：金灯藤、无量藤、飞来藤、
无根藤、金灯笼、无娘藤、
菟丝子、大菟丝子

菟丝子一类的寄生植物属于完全依靠吸收寄主的养料生活，这种完全异养型的生活方式叫作"全寄生"，会对寄主产生极大的伤害，因而菟丝子在农业上也会被视为有害杂草。

说到路边的杂草，就不得不提到植物中的一个大科——禾本科，有750多属12000多种。禾本科与人类的日常生活息息相关，我们平时吃的小麦、大米、小米、玉米、青稞等很多谷物都起源于禾本科。以前，人们在下雨时所穿的"蓑衣"、"斗笠"很多都是用禾本科植物的茎和叶编制的。明朝徐光启《农政全书》中记载了当时非常流行的一条谚语："上风皇，下风隘，无蓑衣，莫出外。"说的就是在雨季人们都喜欢带着蓑衣出行以备不时之需。

禾本科中有很多是农田里常见的杂草或者路边的野草，比如说最常见的野草牛筋草、狗尾草、马唐，还有南方水稻田里最烦人的植物"稗"等。

牛筋草

科属分类：禾本科　穆属
分　布　地：各园区常见
别　　　称：蟋蟀草、千千踏、千人拔

　　牛筋草是禾本科的一种草本植物。它的根系非常发达，茎秆和叶片强韧如牛筋，很难徒手将它从地里拔出来，因此被称为"**牛筋草**"。

　　牛筋草最主要的特点是它"匍匐"在地上生长，茎秆丛生，有时叶片表面也会长一些长毛。它也是非常常见的一种杂草，即使在人类活动比较强的区域也非常容易见到。

　　牛筋草的花 / 花序跟小麦一样，都被称作"**穗**"，一个大的穗上面长满了许许多多的"**小穗**"。

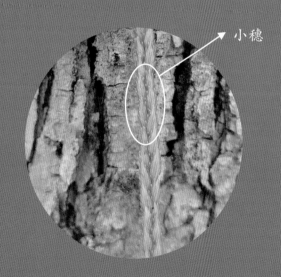

小穗

狗尾草

科属分类：禾本科　狗尾草属
分　布　地：各园区常见
别　　　称：莠、谷莠子

　　狗尾草是禾本科的一年生草本植物，是我们身边很常见的一种野草，因其毛茸茸的穗而被人们形象地称为"狗尾草"。

　　我国传统的五谷中有一位重要的成员—**稷**，又称作"**粟**"（我们平常吃的**小米**），就是狗尾草经过古人长期驯化而来的。它俩互为近亲，在幼苗时非常相似，难以区分。有一个成语叫"良莠不分"，说的就是分不清粟和狗尾草。

像狗尾草一样，很多植物都会用动物的尾巴来命名，特别是在禾本科里。

比狗尾草更加小巧可爱的兔尾草经常被用来做各种装饰

名字听起来很霸气却长得像扫把的虎尾草

走高冷路线有点扎手的狼尾草

反枝苋是**苋科**的一种一年生草本植物，原产于美洲热带地区，因其强大的适应能力和繁殖能力得以扩散分布于世界各地。

草

反枝苋

科属分类：苋科　苋属

分　布　地：各园区常见

别　　　称：西风谷

反枝苋又名**苋菜、野苋菜**，在中国被视为入侵植物，但是由于它已经在中国生活了一百多年，人们已经在反枝苋的身上发掘了许多价值：既可当作野菜食用，又可采收作为猪饲料。

但凡事都有两面性，反枝苋作为一种入侵性很强的杂草，如果出现在农田里，就会严重影响到农作物的生长，造成蔬菜和粮食的减产。

而且，如果反枝苋的采收时间太晚，家畜或人食用后可能会引起中毒。所以，一定要在反枝苋开花结果前采收和食用！

↑ 苋红色

知识拓展：色彩与植物

苋科的植物有一个很有趣的现象，那就是长大后经常会呈现出一种红色。有一种颜色就是用苋菜的这种红色命名的——**苋红色**（amaranth red），amaranth 有苋属、苋菜的意思，可见苋菜的这种颜色是多么令人印象深刻！

不管是茎、叶还是花，有的甚至整个植株、整个花序都会呈现出鲜艳的苋红色。

稗是属于禾本科的一年生草本植物，是农田和路边常见的杂草。稗的茎秆与**牛筋草**相似，都是**扁平**的。如果不开花的话单从外观上很难辨别出稗和牛筋草，但有别于其他常见的禾本科植物，稗有一个非常显著的特点——没有叶舌。

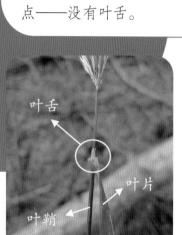

如果把牛筋草的叶片拉开，就能看到叶片与叶鞘的交界处有一截很短的膜质部分，从叶鞘顶端像舌头一样伸出来，称为"叶舌"，而稗没有像牛筋草那样的叶舌，依靠这一特点就能很容易将稗区分出来。

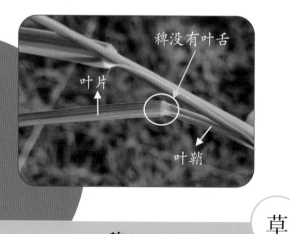

稗[bài]

草

稗是水稻田中最为常见的杂草，若放任不管稗会与田里的水稻争夺养分，致使水稻生长不良，因此农民会在水稻生长的季节到田间除草。区分稗与水稻的秘诀就是看谁没有叶舌，没有叶舌的通通拔掉。

科属分类：禾本科　稗属
分　布　地：各园区常见
别　　　称：旱稗

有这么一类植物，它们被收录在《本草纲目》等中国的古代医学著作中，常常被人们称作"中药"、"草药"等。这些植物很多都在中医界享有盛名，用得好直接药到病除、妙手回春，而且不会对病人产生伤害。但是有句话说得好，是药三分毒，如果用得不好，轻则没有作用，重则命丧当场。所以，对于有些植物来说，是良药，也是毒药。当然，也有些中药毒性很小或者几乎没有，很多地方都拿它们作为滋补佳品或者直接当作食物，比如说酸枣、莲子、山楂等。下面介绍的葛就是既可以当作药物又能当作食物的植物，而乌头则是大毒，治病时需要非常谨慎使用，不可当作食物。

药用植物

乌头

科属分类：毛茛科　乌头属
分 布 地：百花山—白草畔园区常见
别　　称：草乌、乌药、盐乌头、鹅
　　　　　儿花

　　乌头喜欢温暖湿润、阳光充足的环境，适应性极强，海拔2000米左右均可栽培。乌头适宜在土层深厚，向阳，疏松、肥沃、排水良好的砂壤上栽培，不能连作，否则品种容易退化。

乌头花摘掉帽子后

　　人们自古就把乌头当作毒药和药材使用。尽管所有部分都有毒，但根茎是其毒性最强的部位。乌头提取物经常被当作医学口服药用于减轻感冒、肺部炎症、喉炎和哮喘等疾病引起的发烧，并且有止痛、消炎、降血压等功效。

乌头毒性非常大，所以它又叫作**五毒根**，五毒根在古时的战争中就已经得到应用。据史书记载，东汉末年，关羽在一场战争中身中毒箭，请了当时的名医华佗为关羽拔箭疗毒，这种箭毒就是乌头毒。乌头毒虽毒性非常大，可还是没能把一代名将关羽给打垮。让人不得不佩服神医华佗的高超医术和关羽强壮的身体。

葛

科属分类：豆科　葛属
分　布　地：十渡、云居寺景区常见
别　　称：葛藤、野葛

葛的块根是传统的中药材之一，葛全身都是宝，其根、茎、叶、花均可入药。葛根是药食同源植物，既有药用价值，又有营养保健之功效。

葛不仅可以入药和食用，实际上，葛这种植物身兼数职。日常的衣装以及记述文字用的纸张也与其有关，其茎皮纤维供织布和造纸用。古代应用甚广，葛衣、葛巾均为平民服饰，葛纸、葛绳应用亦久。葛粉和葛花用于解酒。茎皮纤维可拧成绳索，块根含淀粉可制葛粉或酿酒。新石器时代曾使用这种植物的纤维作纺织原料。

独角莲

草

科属分类：天南星科　斑龙芋属
分 布 地：仅见于上方山景区
别　　称：芋叶半夏、麻芋子、疔毒
　　　　　豆、麦夫子、附子、野芋、
　　　　　滴水参

独角莲是中国特有的一种植物，南北方均有分布，北京仅见于上方山。独角莲的叶片幼时内卷如独角状，犹如"小荷才露尖尖角"，故名**独角莲**。

独角莲叶片长得像芋头，挖出来的根茎长得也像，但是别被这种表象迷惑，它可是有**剧毒**的！误食后轻则口舌麻痹、腹痛呕吐，重则会引起全身麻痹、窒息而亡。

不过同时独角莲也是一味中药，其根茎以**"白附子"**这个名字入药，能够用于治疗中风、半身不遂、破伤风、头痛、风湿痹痛、肢体麻木、毒蛇咬伤等。

苍术[zhú]

草

科属分类：菊科　苍术属
分 布 地：十渡、野三坡、上方山景
　　　　　 区分布
别　　称：赤术、枪头菜、马蓟

苍术是菊科的一种多年生草本植物，它地下埋藏的**块状根茎**苍黑色，因而称为"苍术"，可做药用。

作为中药，苍术具有"止腹泻、治腹痛、消水肿、祛风寒"的作用，与亲戚"**白术**"一样，是现代中医常用的一味药材。

苍术的分布比较广泛，但是往往不会成丛生长。苍术叶的形状变化很大，有时长得奇形怪状。有的植株高大直立，有的植株却像蒲公英一样贴在地面生长，让人难以捉摸。

有一种植物的外表长得与苍术十分相似，就是前面提到过的**刺儿菜**。苍术的叶子往往会长成刺儿菜叶子的形状，而且它们的叶片边缘都有尖锐的刺，会有些难以区分。

结合前面提到的**刺儿菜**，你能发现它们之间有什么区别吗？

刺儿菜的花

苍术的花

首先，最明显的差别就是花的颜色了，刺儿菜的花是**紫色**的，而苍术的花是**白色**的；其次，刺儿菜的叶片都是一个形状，而苍术的叶片形状变化很大。

145

地黄

科属分类：玄参科　地黄属

分　布　地：上方山—云居寺园区常见

别　　　称：生地

　　春季，在地质公园低海拔向阳坡地上常常能看到一种全身毛茸茸的植物，叶片皱巴巴的，紧贴着地面生长，没有直立的茎。开花时节，才从基部抽出数茎花梗，顶端开着一朵朵钟状的紫色小花，也是毛茸茸的，可爱极了。它们就是地黄，一种多年生草本植物。因为根茎肉质肥厚，鲜时黄色，故得名"**地黄**"。

　　地黄是常用的补益药材，最广为人知的中成药便是"六味地黄丸"。现代人生活节奏快，压力大，消耗气血过快，引起气血问题时，地黄常常是中药方中必用的一味治病求本的良药。地黄的根茎，除去杂质，洗净，闷润，切厚片，晒干后便是生地黄。将生地黄用砂仁、酒、陈皮为辅料，反复蒸晒至颜色变黑、质地柔软，就是熟地黄。生地黄和熟地黄均为常见的中药材，但其功效和主治病症却相差巨大。

霞云岭

典型植被植物

　　从山坡到沟谷，再到河流旁，似乎每个地方都能见到植物的身影。仔细观察会发现，不同的地方似乎有着不同的植物。这些生长在某一区域的所有植物组成了这个区域的植物群落，也可以称为"植被"。对于那些高大的乔木来说，它们亦自然分布在各自适宜的地方，这些区域又因为树木的生长而变得颇具特点。下面我们介绍几个比较有代表性的区域植被植物。

蒙古栎是北京山区最常见的树种之一，常生于 200~1000 米的中海拔山地，在阳坡、半阳坡经常会见到成小片生长的蒙古栎纯林，或者与桦树等组成的混交林。

蒙古栎 乔

科属分类：壳斗科　栎属
分　布　地：各园区分布
别　　　称：青杠子、柞树、柞栎、蒙栎

如果见到蒙古栎的**果实**，你会惊奇地发现，原来这就是**橡子**！没错，橡子大部分指的都是蒙古栎这一类植物的果实，很受小松鼠、野猪、獾等动物的欢迎，是它们过冬的重要储备口粮。

蒙古栎对生长条件的要求不是很严格，喜欢温暖湿润的气候，也能抵抗一定的寒冷和干旱，在酸性、中性或碱性的石灰岩土壤上都能生长，耐贫瘠。

蒙古栎可以防风固土，涵养水源，并且抗火抗虫，不需要额外的保护便可以生长，是可靠的山地卫士。蒙古栎也是很好的用材树种，材质坚硬、耐腐蚀。

胡桃楸又称作"**核桃楸**"，常见于中高海拔地区溪边或沟谷，土层深厚，土壤肥沃，排水良好的地方。核桃楸的木材质地坚硬、花纹美观，是良好的用材树种。

乔

胡桃楸

科属分类：胡桃科　胡桃属

分　布　地：百花山—白草畔园区分布

别　　　称：山核桃、核桃楸、野核桃

知识拓展：核桃与核桃楸有什么区别？

核桃楸在利用价值上与**核桃**十分类似，**果实**可以食用，也可以榨油。

核桃楸与常见的核桃/胡桃是同一个属的植物，长得也非常像，但是它们之间有几个非常容易区分的地方：

1.核桃的叶片最顶端的那片小叶比核桃楸的要大很多，而且核桃叶片的叶缘几乎是全缘的，没有锯齿，而核桃楸的叶缘可以看到许多锯齿。

2.核桃的果实比较饱满，核桃楸的果实要比核桃的瘦一圈。

山杨

乔

科属分类：杨柳科　杨属
分 布 地：百花山—白草畔园区分布
别　　称：大叶杨、响杨、麻嘎勒

在较高海拔地区（1000~1700米）的山坡、山脊和沟谷地带经常可以看到成片分布的**山杨纯林**或与其他树种形成的**混交林**。

山杨适应性很强，耐寒、耐旱、耐瘠薄，成林快，是恢复森林植被、绿化荒山、保持水土的好树种！

落叶松，就像它的名字一样，这是一种会在秋天和冬天落叶的针叶树。大部分针叶树（松、柏等）在冬天都会保持常绿，而唯独落叶松会在秋天披上一件金黄色的外衣，为对抗冬天的严寒做准备。

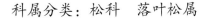

华北落叶松

科属分类：松科　落叶松属

分　布　地：百花山—白草畔园区分布

别　　　称：达乌里落叶松、兴安落叶松、一齐松、意气松

知识拓展：常绿树木到底会不会落叶？

常绿植物也是会落叶的，常绿不等于"不落叶"，只是它们落叶时不像落叶树那样集中在某一个季节，而是四季都在落叶，而且也会同时长出新叶，所以在我们看来它们就是四季常绿的。

落叶松的材质重而坚实，纹理直，结构细密，抗压及抗弯曲的强度大，而且耐腐朽，木材工艺价值高，是电杆、枕木、桥梁、矿柱、车辆、建筑等优良用材。同时，由于落叶松树势高大挺拔，冠形美观，根系十分发达，抗旱能力强，所以又是一个优良的园林绿化树种。

百花山景区

后 记

　　本书以房山世界地质公园的野生植物为本底，向公众展示了地质公园丰富多彩的植物世界，让人们了解，那些伫立了亿万年的坚硬的地质构造之上孕育了这些灵动的生命，它们有自己的智慧，有自己的风采，每一种、每一株都是独一无二的。我们欣赏它们，了解它们，进而保护它们，因为它们的存在我们才不孤单，它们是我们最亲密的朋友！

　　本书的编写得到了房山世界地质公园各园区的大力支持，北京林业大学生态与自然保护学院的多位教授为本书提供了精美的照片，并提出宝贵建议。在此，我们一并表示衷心的感谢！

　　本书的出版，不是结束，而是开始，敬请期待下一册房山世界地质公园生物多样性科普读物编辑出版，精彩继续！

本书编写组

2021 年 12 月